野花草地营建

［英］帕姆·刘易斯　著
　　　史蒂文·伍斯特　摄影
王荷　李旻　吴春水　译
张贇　审校

中国建筑工业出版社

著作权合同登记图字：01-2014-2322号

图书在版编目（CIP）数据

野花草地营建 /（英）帕姆·刘易斯著；王荷，李旻，吴春
水译. —北京：中国建筑工业出版社，2017.12
ISBN 978-7-112-21337-5

Ⅰ. ①野… Ⅱ. ①帕… ②王… ③李… ④吴… Ⅲ. ①野
生植物—花卉—园林设计 Ⅳ. ①TU986.2

中国版本图书馆CIP数据核字（2017）第248799号

责任编辑：李　杰　兰丽婷　段　宁
责任校对：王　瑞　姜小莲

野花草地营建

[英] 帕姆·刘易斯　著
史蒂文·伍斯特　摄影

王荷　李旻　吴春水　译

张赟　审校

*

中国建筑工业出版社出版、发行（北京海淀三里河路9号）

各地新华书店、建筑书店经销

北京锋尚制版有限公司制版

北京方嘉彩色印刷有限责任公司印刷

*

开本：787×960毫米　1/16　印张：9¾　字数：157千字
2018年4月第一版　2018年4月第一次印刷

定价：88.00元

ISBN 978 - 7 - 112 -21337 - 5
（31039）

版权所有　翻印必究

如有印装质量问题，可寄本社退换

（邮政编码 100037）

目　录

序

英格兰的花园面积比自然保护区的面积大很多，因此在保护动植物、防止它们走向灭绝等方面，我们可以发挥很大的作用。在这本书里，帕姆·刘易斯向我们展示了一种可以阻止现代园艺、农业或其他不明智的科技发展造成破坏的方法。更进一步说，在那些植株高大、绚丽多彩的花园植物的生产过程中，我们经常会为了植物的色彩和植株的大小而舍弃植物的香气和花蜜。实际上，我们可以在使用这些高大、色彩绚丽的花园植物的同时，也恢复这些野生植物与生俱来的美，比如，它们清新的香甜味道和随之吸引而来的鸟类的歌唱——山雀发出的叮当声和夜莺鸣唱出的那触动心弦的旋律。任何一片阳光下裸露的土壤都有可能成为一个微型麦田，其中还点缀着虞美人、矢车菊、万寿菊、麦仙翁和雏菊，在播种野花时也可以夹杂少许纤细的草类植物。

值得庆幸的是，如同这本既令人愉悦又很实用的书籍的作者一样，一些富有经验的非专业人士非常愿意与大家分享有助于恢复乡村景观的经验和技术。重建的生境可以保护那些正在减少的鸟类、蝴蝶和蜜蜂以及芳香的花灌木。不过，那些潜伏在杂草叶子上未被发现的药用的、救命的、止痛的化学药剂会给我们带来怎样的灾难和威胁，又有谁知道呢？

随着时间的流逝，我们逐渐变得有些麻木，于是总念叨着"美好的旧时光"。但幸运的是，牧场上的野花和禾草摇曳的花序，山毛榉树下的蓝铃花，将逝去的轻松时光和被遗忘的幻想以及幸福感觉带回给我们。

米里亚姆·罗斯柴尔德夫人

那是一个奇妙的时刻，金秋时节，在清晨的光线和露水下，微小蛛丝结成的银色蜘蛛网装饰着常见的黑色矢车菊，展示在我们面前

绪 论

1986年10月，我们住到了英国多塞特地区美丽而富饶的布莱克莫尔谷，我的丈夫彼得和我若有所思地凝视着我们那5英亩①疏于管理、杂草丛生、潮湿的草地，也开始明白为什么我们的这笔财产会被说成是"棘手的问题"。虽说在牧草的覆盖下有一层23厘米（8英寸）厚、营养富足的疏松壤土，但是，在这层壤土下却是对植物生长不利的黏土，这种黏土会给我们带来极大的挑战，也会影响我们日后的场地管理。虽然如此，我们试着去想象怎样才能将这片新接手的财产转变成为富有生产力的、对我们来说是迷人的场地，并且它还能为野生生物提供一个富饶的栖息地。

我们决定，场地的一半用来种植和栽培，使其成为我们有组织地管理花园计划的一部分；另一半场地就继续保持为牧草和干草草地，可以与我们的小块农田以及花园连接起来。我想模糊花园和农地之间的区别，把它们混合起来，让整块场地自然地融入周围的农田和农村景观中去。

逐步地，我们在房子的周围建造了三个独立的各自不同的花园，它们在一片楔形地块最窄处的末端。第四个花园，也是最富有野趣的花园，位于前面，朝向南边，花园里养殖有家禽，它可以逐渐转变成野花草地。

每个花园都有一个生态性和季节性的关注焦点，花园的颜色也按照绘画的方法大致进行了选择和安排，这有助于实现花园的设计目标。整个花园里有一些小的草地项目（具体描述见第108~125页）。在边界处，大体上种满了观赏性的本地禾草类，还有许多庭院花灌木和多年生宿根花卉，这其中也夹杂了野生花卉和其他草本花卉。这些种植的植物都帮助我们实现了场地的自然风格，也使我们的花园极具个性。

营建一个野生花园的诀窍就是试着去模仿自然的生境，比如说林地、湿地和草地。灌木篱也是非常重要的，不过在这方面我们还算幸运：我们的这块场地已

---

① 5英亩≈2公顷。——译者注

经被366米（400码）长的成龄本地乔灌木包围了。除此之外，我们的这块土地就没有什么特色了，不过它肥沃多产的边界却是一个有价值的优势，我们可以在上面进行营建，有助于我们创造其他多样的生境。

房子北边的场地地势最低，我们在此建造了一个保护野生生物的池塘，很快就有了令人满意的效果。我们的第一个花园被昵称为"青蛙花园"。当然，这个池塘和沼泽地也为其他的许多生物提供了生境。我把植物的颜色主要设计成与本地池塘植物相配的黄色，并且用早花的球根花卉和灌木迎接春天。我还抓住机会促使蒲公英、白屈菜和其他野生植物在这片黄灿灿的野花草地上生长。

我们厨房的窗户朝向东边，因为这个有利条件，我创造了一个花园，花园的特色就是吸引鸟类成为我们的主要野生生物客人。我选择了一些特殊的呈现粉色和紫红色的植物，这样做的目的是为了满足鸟类的需求，同时按我们的喜好选择一系列的植物形成持久的"鸟类舞台"。在我们的草皮上，有一块马蹄形的草地，非常酷似一块传统的草坪。

最初，按照我们的想法，圆形花园（the Round Garden）是为蜜蜂、蝴蝶和其他有益的昆虫而设计和种植的。我选择具有趣味的花卉色彩，自己进行安排和混合，用花蜜丰富的植物材料做了一个从灰白柔和的浅色到饱和度高的亮色的温和过渡。8月的时候，植物开花达到高峰，并且一直持续到9月份。这段时间，蝴蝶的数量达到最大，需要很多的食物，而同时，蜜蜂和其他昆虫的数量经过一整个夏天也逐渐增长起来。用观赏草类作为基本植物，在某种程度上，可以帮助柔化和融合这些植物，使它们看起来非常像自然界的野花和野草混合在一起生长的野花草地。在圆形花园的边界，我们种植了一些桦木和松树，大概有一打的数量，看起来像一块小小的果园和矮树林带。它们可以提供一个象征性的林地生境，保护和遮蔽各种类型的草地。这些草地包括一块白垩地和一块具有砂砾层的"迷你草地"，这两块草地的面积都只有几平方米（码）。在白垩地上，可以种植喜排水良好土壤的野生花卉，逐渐地，这块草地就会成为"戴维草地"角落的白垩土丘地上的亮点。这些措施都可以为那些我们拯救的野生花卉提供庇护所。

白色花园（the White Garden）——我称之为我的"白色原野"——可以被描绘成一个水果森林。花园里满是结满浆果和蔷薇果的植物，我们高兴地与这片

关于花园和草地"棘手问题"的计划和安排

我们的花园和草地的设计目标是最大程度地为野生生物提供便利。草地的不同地块按照我们的计划进行编码，在图片右侧对图例进行了解释和描述。

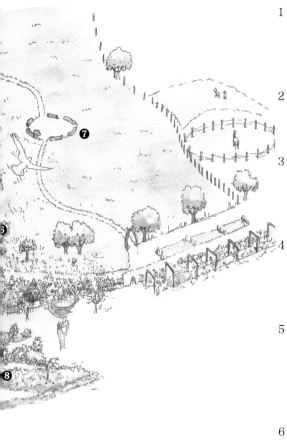

1　戴维草地（the Davey Meadow）
这是一块低地，是富含肥沃的黏土/壤土的牧场，是多塞特地区的典型地块；这块土地被我们从牧马场地恢复成花卉种类丰富的草地

2　白垩土小丘地（the Chalk Mound）
我们最近的一个项目，设计这个项目的目的是为了保护当地丘陵地上的一些植物样本

3　潮湿、干燥、开花的草地，即青蛙花园（the Frog Garden）
这块场地是这些年牧草收割而较好存活下来的野生花卉的一片保护区

4　鸟类花园中的草地（the Bird Garden Lawn）（几乎是最传统的草地）
一块保护野生生物的草地，很小巧，维护起来也较为简单

5　白垩地（the Chalk Bank）
最原始的白垩地貌，偶然产生的，但是现在已经演变成了野生生物丰富的极具吸引力的场地，这也是更大的白垩小丘地（见上文）的灵感来源

6　花园草地（the Garden Meadow）
花园草地是我们最大的挑战，场地中富含肥沃的壤土，上面混合种植着当地的野生花卉和已经驯化的花园植物

7　新干草草地（the New Hay Meadow）
这是一个重要的保护工程，草地上的表层土被移走了，这样我们能够在上面播种多种多样的、从保留下来的极少的传统干草草地采集而来的野生花卉种子

8　迷你草地（the Mini-meadow）
这是一小块修复的草皮，已经在碎砖石和砾石上成功地进行了播种

花园上的居住者、来访的鸟类和小型的哺乳类动物分享这些果实。在小乔木和灌木的树冠边界下面，生长着大量的本地原生的花草和天蓝沼湿草，中间还夹杂着开白花的本地蜜源观赏性植物。这些长满草的极其自然的种植形式使我们的草地边缘更为流畅，它们形成了一个向南的边界。在这片L形的条状土地上，我把野生花卉和庭院花卉、球根花卉混合起来种植，这样，它们便与这片自然化的草地非常相配。

一面摇摇欲坠的石头墙和低埂把花园草地和位于较远一边的新干草草地划分开来。我建造这个墙和埂的目的是为栖息在草地中的野生生物资源的繁殖提供额外的场地。1997年，富饶肥沃的表土层被移走了，露出来的是底层的黏土，这种土壤可以为当地原产的野生花卉的茂盛生长提供合适的环境。一条弯曲小道在花海中舒缓地迂回前进，这些花卉从4月份开始就逐次开放，6月份花期达到顶峰，并适当地持续到9月末。在这片花卉天堂的中心处，为了优化这种生境，围绕我们的"停留处"和"野餐地"进行了一圈修剪。这是我们这块场地上我很喜欢的部分，而且关于这一点我会不断地描绘。

戴维草地和花园草地之间被一条安静的乡间小路分开，戴维草地趋向于自然的农业化，在我们成为它的管理者之前，它一直被当作一小块牧场来放牧和管理。在一段时间内，这块牧场上只有矮种马在上面放牧，而且几乎没有进行管理，因此非常适合野生花卉的繁殖和种植。在这块小牧场上，我们耐心地开始了恢复野生花卉和相关联的野生生物种群数量的过程。像之前的农夫一样，我们非常明白对土地进行适当管理的必要性，这个管理是一些方法的结合，比如放牧和每年一次的干草收割。

我在20年前就对草地非常感兴趣，也主动去涉取有关草地养护管理的知识，包括农田、丘陵地、马场等。在过去的15年间，除了我自己的草地外，我还在国内一些场地进行过草地营建。这些草地项目和我在其他私人花园里建立和管理起来的野生生物方案具有一定的关联性。

我在这本书中给出的信息都是从我一直坚持做的大量记录中提取出来的，这些记录都是我潜心研究的多样的草地项目。我希望这本书能帮助和鼓励到其他对野生花卉和野生生物感兴趣的土地拥有者，特别是园艺爱好者他们需要指导和项目参考，就像刚开始时的我一样。我自己的探索之旅一直是不同寻常并极具吸引力的，但是同时也很漫长、很复杂。我发现技术性的信息很多，但是针对小面积的场地拥有者、园艺爱好者以及自然资源保护者的实践性书面指导却很匮乏。

野花草地营建绝不是一门精密的科学，但是，与一点不懂或是仅仅懂一点"草地营建"比起来，通过理解和遵循传统草地的管理原则，我们可以恢复一个准确恰当的季节模式，并且让野花草地植物群重回正轨。这个标题在某种意义上有一些歧义，因为野花草地，是非常自然的，是通过成百上千年的时间逐渐演化而来的，并不是能够建造出来的。现在几乎所有的原始野花草地都已经遭到了破坏，甚至是永远消失了。如果我们希望保护这些正在消失的野生花卉以及那些与它们相互依存的野生生物，我们现在就必须要采取紧急手段去尽力切断这个自然演化过程。

野花草地营建当然不能替代对现存为数不多的开满野生花卉的草地的保护，但是，这却是一个重要的补充，通过这个方法，我们可以帮助拯救一部分特殊的脆弱的生态环境，防止它们进一步衰退。现在还没有足够的时间去充分评估新草地的创造会带来怎样的影响，但可以肯定的是，这些新建草地已经有一些很好的迹象。

成功的草地拥有者可以紧跟在我们后面，在乡村历史上占据一个浪漫的篇章。我们中的一些人可以回忆夏季草地上美妙的音律和香气，有大量飞舞的蝴蝶形成的美丽云彩，聚集的、嗡嗡作响的蜜蜂和独特的蝗虫发出的滴答声。是不是连所有的阿拉伯香料也不能使新收割的香甜干草的气味黯然失色？在我们自己的草地上，即使是小面积的，我们也可以随时怀念家乡，并且停留在对更加温馨的时光的想象中。

所以，怎样才能成功建造一个鲜花满溢的乌托邦？为了得到一个明智的办法，我们首先要回顾，要明白基本的原则和做法，而野花草地正是通过这个基本的方法慢慢演化而成，然后又突然安静地、慢慢地衰退而去。

帕姆·刘易斯

干草草地的演化进程

为了成功播种野生花卉，你多少都需要了解花卉和环境之间复杂的相互关系。奇特的是，面对环境的考验，这些花卉作出的反应就是把这种考验也当作是竞争者之间寻找和维持生存场地的能力的一部分。草类、灌木甚至是森林管理者都会是这些花卉的竞争者。许多草地都需要通过一些外部的干预来进行合理的持续的控制，比如凛冽的海风、极端的干燥甚至是大火和洪水。有一些草地通过吃草的野生动物来控制，比如鹿和兔子，这些动物也会影响与野花竞争的草类和灌木的数量。在英国，人类通过控制大多数草地上野花的演化历程，将草地管理成农场的方式以喂养我们的牲畜。

人工管理

"干草草地"被定义成"生长着可以被收割晒干用作干草的草类的土地"。大多数英国草地的存在是源于人们清除森林、疏林等林地，然后在被清理的土地上放牧或者是为他们的牲畜生产饲料（"田地"一词来自古老的英文词汇"feld（伐木）"，意味着一片伐木地）。干草草地上典型的野生花卉也是这样存活下来的，这种人工管理系统已经持续了数十年。草地一直持续被收割用来生产干草和放牧（只要草地不受犁耙、化学肥料和除草剂的影响），它将一直保持着演化，逐渐形成丰富的生境，在这里，野生花卉和与花卉相关联的野生生物逐渐占领了这块土地。事实上，一些有记录的古老草地已经存在超过100年了。

放牧和收割

一位农民可以让草类从3月到4月一直生长。然后在6月或7月的时候，进行收割用作干草。在3月和7月之间，偶尔也可以放牧牲畜。在放牧的这段时间里，这块土地会被这些农场动物"踩烂"，土壤会被干扰，上面还会开辟出一些裸露的小道和压痕。虽然这会给草地带来破坏，但这些条件却为野生花卉种子的生根发芽创造了理想的机会，而且这些花卉还不用立刻与草类进行过度的竞争，有时候它们还会从压痕缝形成的微气候环境中受益。在开阔的、杂草稀少并且不是太茂盛也不是太高的草地上，野生花卉生长得最好。

土壤类型和肥力

每年一次的干草作物的常规收割和移除耗尽了草地的土壤肥力，但是放牧动物的粪便又会为草地带回营养。这形成了一种平衡，可以持续地为干草作物的生长提供充足的养分。幸运的是，对于有序生活在一起的、多样性极其丰富的植物群落，土壤有机物的营养成分和水平只要维持在一个最低程度，就能够有助于其存活和发展。当草类植物较为低矮的时候，更为低矮的野生花卉种类就会在春天开花，当然，一些花期更晚、植株更低矮的野生花卉，可以在草地上更加开阔的基底处茁壮成长。草地的年龄和环境条件具有独特的不可思议的影响力。最近有一些非常有启迪作用的、涉及土壤真菌、细菌和其他微生物相互关系的研究，这种相互关系对土壤结构、植物根系之间的联系以及后期的植物生长都有重要作用。土壤类型和条件（酸性、碱性、潮湿、干燥、黏土、砂土、壤土、石块、白垩等）都会很明显地影响一系列野生花卉的生长。但是，有很多花卉能很好地适应多样的环境（有时候，植物会打破科学预测，出现在完全没有预料的地方）。一个总的规律是在贫瘠的土壤上野生花卉的生长最令人满意。

其他影响

天气状况，甚至是管理体系的细小转变，比如场地上放牧的是羊群、牛群还是马群，都可能会在某些年份有助于或不利于某些野生花卉的生长。鹿、兔子和昆虫捕食者都会影响到植物种类的平衡。季节性的授粉昆虫的数量波动和随后由鸟类、哺乳动物带来的种子从一块田地到另一块田地的传播，都会在一个季节内影响干草草地上的植物种类和依赖于它们的动物的演化。传统的干草草地管理系统一直保留和持续了很长时间，随着季节的更替形成了一个进化中的稳定的生态系统，而人类确实是强行干预了农田景观。

干草草地衰退的原因

为了能够协力改变乡村面貌，在一段时间内，种植技术有了一系列的革新和发展。林地、灌木篱、湿地都遭受到了破坏和彻底毁坏，而草地，可能受到的影响最大。下面列举了一些草地消失的原因。

草类作物

可悲的是，在过去的60年里，随着土地管理方法的改变，草地植物的演化系统被破坏了。在这段时期，草类开始被"轮作种植"，某种高产的农业黑麦草类，被规律地耕犁和播种，并且还过量地喷洒化学肥料和除草剂，然后在春天的时候收割用作青贮饲料。当天气状况变得不稳定，干草生产被认为是一种很不确定的草类收获方式时，青贮饲料的生产变得愈加普遍和受欢迎。

化学革命

为了增加农田的产出，所有阔叶植物都被视为杂草和草类作物的敌人。除草剂的出现就是以这些阔叶"杂草"为目标，但是也杀死了野生花卉。可悲的是，实际上有些被杀死的是很有价值的草本植物。在为数不多的保留下来的草地上施高氮含量的化学肥料，会使较为强健的草类和野生花卉比那些较为脆弱的种类具有更强的优势。与这个问题相关联，植物种类的消失也导致现代放牧的动物的饮食结构变得很单一贫乏。许多以前生长在草地上或是草类作物间的具有重要营养价值和药用价值的草本植物都已经不存在了，所以说，农民们移除了保证牲畜健康所依赖的重要草本植物，这是搬石头砸自己的脚。按照农耕上的说法，这些自然草地在经受了如此的对待后，被称为"改进"的草场，这是多么讽刺呀！

政府导向

第二次世界大战期间和之后，草地都被用来耕作和生产粮食作物。具有重要生态价值的草地在人类的耕犁下持续消失，而这时，政府又通过补助津贴来鼓励农民扩大谷物和粮食的耕种面积，并且让他们多选择一些作物类型，比如油菜和亚麻。一旦草地被耕种，它就丧失了自己的环境特点，而这种生态环境特点是经

过很多年才慢慢发展起来的，许多植物种类以及相关联的野生生物都依赖于这种
环境。

机器影响

拖拉机等机器的大力发展，灌木篱被破坏了，农田越来越大，粮食作物被耕
种在草地上。一些迄今为止被认为是不适合农业生产的林地和丘陵地，现在也通
过地形改造成为适宜大型机器耕作的农田。同样的，排尽湿地里的水，然后在上
面耕作也变得容易多了（含水丰富的草地也是这么被处理的），而湿地可是一个
多样性极其丰富的野生生物生境。后来，园艺活动也变得越来越受欢迎，市场上
对腐殖土的需求一直没有止境。这些快速彻底的改变都共同加速了草地的衰退。

建筑发展

随着乡村路网的建设，土地都被用来建造房屋、作为采石场和工业用地，几
乎没有土地能够幸免。越来越多的不应被破坏的草地和野生生境都被取代了。这
种破坏环境的代价当然不会在政府的经济评估报告中表现出来。

草地保护已是当务之急

毁坏一直在持续，直到世纪交接之际，我们才意识到，98%的野花干草草地
已经在过去的60年内被破坏了。结果，这种经过数千年的演化才形成的自然草地
植物渐渐消失，而这也干扰了依赖于草地生存的许多野生生物。事实上，现在农
耕已经被称为"农业产业"，反映了人们对待土地管理方法的一种贪婪而迟钝的
态度。在很大的范围内，因为用化学方法耕种作物，土地已经变得很贫瘠了，在
蕾切尔·卡森（Rachel Carson）的《寂静的春天》（*Silent Spring*）一书中描绘的
场景现在已经出现了。

重新恢复草地生境

如果说我们能很容易就重新创造出种类丰富的干草草地，想想就让人心动，
但事实却并非如此。我们可以尝试去做古玩、复制品和赝品，但是原件是绝对不

能被取代的。现在首先要做的事情就是去保护仅存的2%的植物种类丰富的草地，这些草地既是我们乡村独特景观的一部分，也是野生生物的天堂。但同时，也要采取紧急措施去营建新的草地生境。据我所知，唯一"被证实有效"的"营建"草地的方法就是找到一片没有化学残留的林地，清理乔灌木，适当耕作，然后将在当地年代较久的野花草地种子混合在一起播种，进行持续合理的管理，而且绝对不要使用化学药剂，让这些种子生根发芽，在无限期的时间内慢慢生长。这就是草地如何产生的，假设这是成功营建草地的一个准则的话，也就意味着，我们在有生之年内都看不到任何结果了——即使我们已经在一些处于原始状态的土地上工作或者说在道义上通过伐木将古老的林地交换成新的草地！但是，米里亚姆·罗斯柴尔德夫人（绝对是草地的守护神）已经向我们证实，想在15年之内成功营建一片草地只能是一个"失败的模仿"。我们需要为未来一代的保护管理者开拓一个新的草地时代，我们希望，未来一代在耕作土地时能从整体上有怜悯、正直和朴实的基本意识。

野生生物采集

在植物、菌类、哺乳动物、昆虫、无脊椎动物和微生物之间存在着一种令人惊奇的、复杂的、高度精细的相互关系，改变或是扰乱其中任何一部分的平衡都会不可避免地打乱其他部分的平衡。自然有着神奇的复原能力，但要清楚的是，我们已经将破坏推到了极限。我很想知道，生态技术是否会成为最后的救命稻草？尽管随着舆论的推动，公众的意识已经有所提高，但野生草地仍然承受着越来越重的压力。农场鸟类的困境已经有文献记录，鸟类数量的急剧下降揭示了发生在自然食物链内的范围更广的破坏——这是一种联系，不过很不幸，这种联系还没有被意识到。一个种类的消失，不管是植物的还是动物的，都会给其他生物种类的健康和生存带来直接的影响。

为了动物群的植物群

我观察和学习得越多，对自然界生长的万物就越着迷、越崇拜和越关心。例如，干草草地中的小鼻花是禾草类的半寄生生物，它们会帮助建立和维持一片开阔的草地，在这片草地上，野生花卉和一些动物也能很好地生存。自然界中的"未被开发利用"的草地转而也会影响草地中蝴蝶的生存。蝴蝶对生存环境的需求很特别，所以它们对草类的高度、密度和种类非常挑剔。草地管理的改变对蝴蝶的生存和繁殖能力会有深刻的影响。20世纪50年代时，因为兔黏液瘤病的大规模爆发，数不尽的蓝色蝴蝶种群都消失了。因为这种病，死了很多兔子，没有兔子啃草，草类长得很高大，而这种情况不利于需要低矮开阔生存环境的蝴蝶的存活。许多兰花种类在开阔的环境中生长得最好，它们还依赖于一些土壤菌类，没有菌类，兰花也不能存活。关于植物和动物联合体之间有数不尽的吸引人的例子，而且相关的植物学家和昆虫专家还在持续发掘新的案例。

无家可归的野生生物的悲惨境遇

我希望在"发展中"的世界破坏最后残存的自然生境之前，能有时间去更多地探索自然，去保护我们英国的植物和动物。那些能够适应已改变环境的野生生物目前已经被驱逐到了公园、有机农场、花园和为了保护自然界的动植物而建立起来的野生生物保护区中去避难。但是，不是所有种类都能轻易地适应环境的改变，有许多种类需要非常特殊的环境。有一些种类的生存正受到严重威胁，有一些则挣扎在灭绝的边缘，而有一些在野外已经看不见了，还有一些已经永远地消失了。

正在逼近的转基因风云

毫无疑问，危机四伏的转基因作物将会不断给健全合理的生态平衡带来负荷，甚至威胁一些植物和野生生物的生存。转基因的、能耐受除草剂和杀虫剂的作物被培育出来，是为了清除所有的杂草和一些昆虫，但是，有的动物却依赖于这些杂草和昆虫才能生活。在为了除草和除虫而建立起来的常规化学物质的网络下，没有什么能逃过一劫。转基因作物的管理意味着对化学药剂的持续使用和对有毒物施用的更多的依赖。没人能准确地告诉我们这种扭转可能带来的一连串的影响和反应，或者对自然平衡的改变会造成的其他破坏。随着转基因作物的推行，不仅是所剩的为数不多的野生生境，还有自然保护区、花园等都不能逃过污染。转基因作物的花粉和种子也不可控制，当然也会到处传播——不管政治家们是否相信。我们没有标准去衡量基因污染的影响。幸运的是，有关于草地的故事不光是阴暗和悲剧的，公众意识正在逐步提高，许多新的保护工程和项目也在启动。希望我们不会"势单力薄"，期待一切都"未为晚也"。

自然储备和保护团队

好在现在已经有很多野生生物的公益保护组织和机构，这些团队关心包括草地在内的野生生境的保护。很幸运的是，一些有价值的草地现在已经被那些真正理解和在乎野花草地的人所拥有和管理。在公园、城市废弃地带和学校也有很多鼓励营建新草地的倡议。

有机农场

因为市场竞争和公众需求，农民也必须要进行贸易才能生存下来。一些受欢迎的政府基金支撑的引导政策鼓励农民认真考虑野生生物的保护问题，但是，我不确定这些政策是否能够被充分实施，并且为草地的修复持续足够长的时间。但是，好在人们对有机产品的兴趣和需求有了大幅度的增长。不用任何化学药剂的土地管理方法无疑对环境是有利的，当然这里的环境也包括大片的草地。查尔斯王子用有机的方法管理他的庄园，这为农民和园艺家们都点亮了指路的明灯。

巨大的花园网络

在园艺世界中，人们对于关注自然修复的自然种植和能应急解决问题的快速修复方法产生持续的兴趣。人们对在花园内营建小型的草地已经越来越有兴趣，毫无疑问，这也有助于保护一些本土植物和依赖它们生存的野生生物。当我们都建造野生生物友好型花园的时候，这些点滴就会积少成多，产生帮助。我们也许不能够为所有有需求的种类都创造完美的环境条件，让它们度过整个生命历程，但是野生生物确实能够极大地从"通道系统"中受益，而花园就是这种系统中的一部分。英国的花园不只100万个。当植物和动物在城市的灌木篱、道路边缘和郊区、农村间，从一个地方向另一个地方移动时，这就永久地，至少是暂时地，为这些动植物提供了一个巨大的潜在的避难所。

积少成多

我很幸运能有两个小牧场一样大小的草地，但是我也有很多小面积的草地，就像口袋一样的尺寸（仅仅几平方米或者几平方码）。但是虽小犹美！对于私人尺度和非常容易管理的状态，结果是令人满意的。我一直梦想着那片巨大的花园面积中的10%能够成为草地，这样我们就能恢复10000英亩可供蝴蝶和其他生物生存的生境。可以肯定的是，已经是时候停一下，不要仅仅再去采石、铺路、搭桥了，至少要让草地的一部分自然生长。我们可以营建野生花卉和野生生物的天堂，这也是给我们自己的巨大恩惠，同时也为后代留下温馨亲切和可持续的生存环境。

营建野花草地

草地修复

无论你想营建多大尺度的花卉种类丰富的草地，你要遵循的基本准则都是一样的。不管你是想管理一块小面积的草地，还是想把花园的一部分转变成草地，你都可以适当调整和应用这些信息。成功完成营建草地这项艰巨的任务，并没有什么绝对的要点。野生花卉不会在不适应的条件下勉强生长。但是，我们可以考虑改进甚至是改变那些为植物的茁壮生长提供最好机会的环境条件，从而提高野生花卉生长的概率和可能性。

首先仔细检查一下你的场地并作一个判断：

（1）你能认出场地里所有的植物吗？

（2）场地有什么样的土壤类型？

（3）场地的方位如何？

（4）过去这块场地是如何管理的？

（5）在附近的本地草地中，你能发现什么种类的野生花卉？

1. 植物

场地中现有的植物将会提供一个线索，告知你成功营建一个令人满意的干草草地花卉群落的可能性有多大。我列出以下3种（假设的）类型：

类型A，如果你的场地上大部分是本地的禾草类，也包括一些值得拥有的本地花卉，比如黑矢车菊、鸟足拟三叶草、酸模、药用水苏、轮峰菊，甚至是兰花。如果是这种情况的话，你就非常幸运了，可以说是事半功倍了。

类型B，如果你的场地上大部分是本地禾草类（即使是一些粗糙的种类）和较为常见的花卉混合群落，比如蒲公英、车前草、西洋蓍草和草地毛茛等。这种

当说到夏季草地时，我们想到的典型植物就是滨菊，但是它们是一种先锋物种，通常在新建的草地中要比在成熟的草地中更常见，因为只有少部分能保留下来

情况也是很有希望的（特别是，如果场地上没有下面的情况C中所说的侵略性杂草的话）。

类型C，如果你的草地上一大部分都是粗糙的禾草类（包括农业上的黑麦草），在这种情况下，要想进行改变是很困难的。如果说，场地上还有侵略性杂草的组合群落，比如酸模、荨麻，以及具有攀爬性的毛茛、蓟和农业上的苜蓿等，那么挑战将会是巨大的。在这块过度肥沃的土壤上，那些脆弱的花卉种类根本不可能竞争过这些长势极好的"暴徒"一样的杂草。

2．土壤

冲击而成的壤土和黏土是最为肥沃的，也有助于粗糙的草类和一些高大、旺盛的经常被当作杂草的花卉种类的生长。另一方面，贫瘠的土壤，会限制草类生长，而促进那些更好看、色彩更丰富的野生花卉的竞争。白垩土、含有石块的土壤甚至是砂土对野生花卉来说都是更好的选择。位于下层的岩石——比如石灰岩——会影响土壤结构和pH值。土壤类型、土壤层和含水量都会决定场地是否排水良好，是否潮湿甚至湿软。这个结果将会极大地影响土地的管理方式和可以存活的植物种类。每块草地都有自己的"个性印章"，我们要诚心诚意地在大自然的指导下选择和引入能够生长和存活下来的植物种类。

3．场地方位

就干草草地植物和大多数农田植物的本质来说，它们都需要有阳光，所以一块阳光充足的开阔场地对它们来说是比较合适的。但是，即使是在一片开阔的场地上，北向地块和南向地块生长的植物群落也是不一样的。田地边缘处是一个特殊的地方，这里，草地植物和灌木植物混合在一起生长，一些草地植物要忍受局部的荫凉环境。这一点在我们营建花园草地的时候要牢牢记住（比如在营建古老的果园时）。

在表层土被挖起和移走的几年后，我们那块富含壤土和黏土的新干草草地，已经从上述难处理的草地类型C转变成了繁荣的令人高兴的草地类型A

4. 历史

了解一点场地的历史和过往，还有场地曾经经历过哪些农艺（或园艺）"改进措施"是有帮助的。如果给土壤施化学肥料一直持续了20年（也许50年甚至更久），除草剂残留的化学成分会对至关重要的土壤有机体产生不利的影响，而土壤有机体是草地营建系统的组成部分。不幸的是，对于消除这种不利影响还没有权宜之计：破坏已经产生了。如果你的场地一直没有施用化学药剂（或者相对来说，用得较少）的话，那么你成功营建的可能性就大幅提升。如果草地一直没有收割，杂草的种子一直不断扩散和繁殖的话，就会带来持续的遗留或补播问题。如果草地被收割而且收割物也留下来慢慢腐烂的话，那么这些收割物就会贡献土壤肥力。你知道你的土壤最后一次犁地或翻土是什么时候吗？即使近来有一定程度上的管理不善，但老的土地也有着特殊的生态价值，也应该被尊重。

5．本地植物

如果你足够幸运，在附近有一片真正的野花草地（或者只是一块未经破坏的田地边缘或角落）的话，这都值得去考察一下，去看看这些地上都生长着什么。一些教堂墓地也是不多的灵感来源。本地的信息资源也会为草地混合植物的选择提供很好的线索。

自己作评估

如果你的草地是类型C的话，那么要改变这种环境条件和场地上的植物种类需花费很多年的时间。你的处理方法要更加彻底——参见33~43页的"建植一个全新的草地"。如果你的草地是类型A或者B的话，那么，读一读下面的管理建议。

目标是：

降低土壤肥力；

抑制杂草生长；

保护现有的野生花卉；

控制不想要的植物种类；

促进更大范围内令人满意的植物种类的生长。

草地管理程序

下文中的"草地日程"管理程序，适合用来降低——至少是控制——土壤的肥力，这样，更多的野生花卉种类就能够在瘠薄、开阔的草地上竞相开放。如果这些程序能够年复一年、持续合理地实施的话，土壤的肥力肯定会逐渐变贫瘠，而场地上的野生花卉和与之相依存的野生生物种类会变得极其丰富。

巴克兰·牛顿[1]（Buckland Newton）教区里的托马斯·哈代"小奶牛场谷"的牧羊地周围区域是一个棘手的问题。我们的5块小场地曾经是熟知的"克兰草地"的一块常规土地，但由于多年来的管理不善，导致我们现在要恢复的本地植物在这块场地上几乎消失了

---

① 巴克兰·牛顿教区位于英国西南部的多赛特郡，在英伦海峡的北岸。——译者注

草地日程

春天

确保不施用化肥（绝对避免）

与要绝对避免的化学肥料相比，有机肥料，例如农家肥的危害要小得多，而且肥力持续时间更长。要小心！要注意随着农田肥料径流、附近的肥料堆或青贮饲料、泥浆和日常垃圾坑的液体流出物而产生的浸出营养物。

可能需要在草地上翻地和/或耙地

如果场地之前有放牧，或者石头较多，或者有车辙的话，那就需要确保割草机不会受到损坏。耙地可以帮助在土地上划痕，并且修复由于死去的草类而造成的"浓密蓬乱的表层现状"。如果你要播种额外的种子，那么在翻地前一定要耙地。种子必须要与土壤的表层接触。

让禾草类和野生花卉从3月份开始一直保持生长，但是要同时控制不希望出现的杂草种类

这是控制诸如酸模和荨麻之类杂草的好时候。至少，要在这些侵略性的杂草种子成熟并且为了后代繁衍进行传播的时候阻止它们。在那些放牧的低地，有毒的植物要首先被连根拔起（有些危险的植物，比如千里光、藏红花色的水芹，在收割干草的时候会变得更加难处理）。

夏天

　　可以在6月中旬和8月末的时候进行割草。越早割草，就有越多的营养被移走，对禾草类和某些杂草种类的控制作用也就越大，即使有些花卉种类也会因此而死亡。如果你留下小部分的草类不切割，像依赖于草类生存的草地蝴蝶之类的昆虫就会留在这些地方进行繁殖。朝南的田地边界（田边没有犁到的地方）是最为理想的，你可以逐年地改变这些地方。

在传统干草收割时期的早季割草

　　大一些的场地可以用农业化的机械进行收割，但是对于中等尺寸的场地（1/2英亩以内）来说，有发动机并具有剪刀功能的刀片收割机，比如艾伦长柄大镰刀（Allen Scythe），更加理想。它会裹着草进行收割，这样清理起来会比较容易。这些收割机比带有旋转刀片的机械更加能保护野生生物。因为后者会把植物的茎干砍得很小，这样随着草被压碎，也会不可避免地快速伤害到许多不走运的动物。面积小的地方可以用电动剪草机进行收割，当然这对野生生物来说也有一定的危险性。

根据场地的尺寸选择一种合适的机械

　　这样一些成熟的野生花卉种子就能散发出去，也能让无家可归的野生生物移动到安全的地方。你的草地对那些野生生物来说将会是一个理想地，它们极其需要这样的场地，还包括一大群数量极多的

让干草慢慢干燥

昆虫。干草收割不可避免地也会具有破坏性，对某些动物来说，还是致死的。干草收割后，生存下来的昆虫和昆虫幼虫就有机会爬到草地的下层。草地上的草越密集，青蛙和一些哺乳动物就越倾向于选择这里，你要避免杀害或伤害它们。

要即时移走草类

3～7天后，要及时地移走草类——这取决于你打算如何使用和处理这些收割物。这个时间长短取决于天气状况和这些收割下来的草类是否要用来做干草或是堆肥。牢牢记住：如果要制作堆肥的话，那么断草的分解速度要比完整的长条草分解速度快。不要让这些收割物躺在那里的时间长于必要时间，并且确定要移除干净。任何腐烂的碎片都可能抑制你想要的野生花卉的生长，并且重新增加土地肥力。

让草类覆盖

让草类覆盖几周。这些草类会再次获得长势，这种重新生长被认知为"余波"。当草类重新强健地生长，使土地焕发绿色时，就要采取进一步的策略使它们不要再生长了。每次这些草类被收割或啃食的时候，土壤肥力就会被移走一些，而那些野生花卉存活和稳定下来的概率就增大一些。

秋天/冬天

理想的在残留（或再生长）的草地上放牧时期

绵羊和牛要比马好。山羊不是高效的食草动物。9月到10月间的放牧将会有最好的效果，但是，从3月末开始，可以随时进行放牧。4月放牧就有些迟了，可能会影响开花的数量。理想化来说，短暂的、强烈的处理方式是最好的，换句话说，高放养率、短持续时间是最好的。但是，这种安排不总是可实行的。

作为一种选择，可以在秋天的时候割掉草类的余波生长，并且清理掉这些收割物。如果随后而来的秋天的再生长仍然非常繁盛的话，那就要在10月或是来年3月甚至4月初的时候，再进行一次割草。牢牢记住，春天的割草或是放牧将会以破坏早花植物种类的开花为代价。如果说情况很多样或是草地上的分布不均衡的话，只有在一些特殊部分的土地上才有这样做的必要。

在秋天，"机械放牧"也是一种可选择的方法

当放牧的动物用爪子搅乱（或是"踩烂"）土壤时，野生花卉种子在这些搅乱的土地上萌发的机会就来了。园艺师可以用适当的诱导措施刺激这种行为，当然这会牺牲掉一些草地。为了增加野生花卉种子能够竞争和存活的概率，可以进行额外的补播。秋天播种的种子比春天更易萌发。包括小鼻花在内的一些植物种子也会帮助降低草类的竞争力。小鼻花是一种好看的一年生植物，它是草类的半寄生生物，会抑制草类的生长。它的种子只有在新鲜的时候播种才能萌发，而且还需要一个冷藏期来打破休眠，然后在春天萌发。小鼻花也是草地建造者（参见53页）的好助手。可以在春天或是秋天增加一些野生花卉植物。在雨季刚开始的时候是补充草块或是花卉植物的最佳时期。在需要与竞争性强的草类竞争的地方，选择强健、高大的花卉种类将会取得更好的效果。

割草或是放牧之后，可以在空土地上额外补播野生花卉种子

建植一个全新的草地

如果做完评估后，你发现你的草地类型属于种类C的话，你就需要抱有务实的态度或者要有勇气来一个彻底的改变。在我们不喜欢的杂草和我们珍爱的"野生花卉"之间并没有很明显的界限。如果说，认为改变场地的自然特性是一项令人却步的任务的话，那就试着改变你的态度。就关注野生生物而言，杂乱的草地种类C对许多依赖于粗糙的禾草类和阔叶植物生存的动物来说也是极其有价值的。

如果你一心只想着草地种类A的话，请做一次深呼吸。要加速草地的建造过程，在数十年内，你需要凭借一些极端的方法去降低土壤肥力。

我将描述一个我个人推荐的野花草地营建项目，所有项目营建环节可能遇到的问题都需要提前考虑。例如，认真思考你是否要扰乱一块这么多年来都没有被扰乱的草地。这块草地肯定有它自己特殊的生态系统，而且我还要强调，你的每一步努力都是要用来复原而不是撕裂和破坏。

但是，在"希望渺茫"的情况下，仍然有3种选择。营养富足的土壤需要被耗尽，埋藏，或者移除。

（1）耗尽

种植喜肥的作物，比如土豆和玉米，是确定可以消耗土壤肥力（要保证不要再额外施肥）的方法之一。但是，任何人都会想知道这些"贪婪"的作物需要多少年才能充分耗尽土壤的肥力。

（2）埋藏

可以进行深犁来埋藏表层土，也可以把表层土完全覆盖在较深的贫瘠土壤底层，比如碎砖石、白垩土、压碎的石灰石等，理论上来说，就是埋藏问题。能否成功取决于几个方面，特别是表层土埋藏的深度和它的营养成分。

为了给野生花卉，特别是那些对生境非常挑剔的野生花卉，创造适宜的环境条件，彻底的改变方法有时是需要的。绣线菊属植物会占领草地上最潮湿的地方

（3）移除

挖走表层土可以移除情况恶化的根源，在有些情况下是最佳选择。我们自己通过挖走表层土已经取得了巨大成功，所以，我将我们处理那个半英亩大的草地时遵照的程序列了一个大纲。这些程序包括移走好几百吨肥沃或是中等肥沃的壤土，让下层有利于野生花卉生长的黏土暴露出来。

移除表层土

首要考虑因素

你需要看看你的土壤特性是否适合。做一个土壤分析，就能测出土壤pH是酸性、中性还是碱性，这种土壤肥力上能否承担极端的处理方法。做一个微型的挖掘就能知道，表层土下面是什么，表层土是否能与底层土分开并且被成功移走。还有，能知道底层土上是否能轻松地栽培，能否进行合理的耕作。砂质的底层土是最好的（我们将中性的表层土移走，同时得到了稀薄但是适用的碎石土层）。

检查看不见的危险

地下可能会有需要标记或是避开的管道或是电缆。灾祸的代价是巨大的，所以聪明的方法就是当你不确定的时候要去检查（我们就发现在我们的场地里有一个因为功能发生障碍而被遗留很久的排水系统）。

仔细评估改变土壤层后潜在的影响

移动土层肯定会深刻地影响保水和排水的方法。移走草地土层会影响水径流的途径，或者水也会淤积在泥坑中。附近的土地和河道也要考虑进去。在某些情况下，排水系统可能需要安装或是修复，听取专业建议是很重要的。移走草地的表土层使得我们场地的地面标高比毗邻的其他花园部分要低几厘米（英寸）。我们不可避免地也造成了一些小"水坑"，水有时候就存蓄在这些坑里，特别是在小角落里。随着草坪被移走，雨水在逐渐排走前不再暂时悬浮在地表，而是更快速地流动并且被收集到较低洼的地方。我们让某一块地方更加潮湿也算是一个优点（扩大了植物种类的丰富性），我们把法国人的排水沟发展成了排水系统，这样可以减少大部分场地上额外的水流。

最初可能会发生一些土壤侵蚀，特别是在斜坡上

没有植物抓住土壤颗粒的话，土壤就会在天气情况不利的时候流失。例如，这种挖走土壤表层的破坏就会导致局部的淤泥物沉淀或土壤侵蚀，甚至是陡坡塌方。对附近土地的潜在影响也要考虑进去，特别是在那些到达陆地的必经地。那个"棘手问题"的场地向北边轻微倾斜。暴雨会冲走一些黏土颗粒，结果导致同一块场地不同部分的土壤是多样的，有些部分聚集的都是壤土，另一些部分则是凝固的黏土，还会有排水良好的多石地块。幸运的是，我们的改造没有造成太大的有害影响，事实上，因为多样的条件还使得在场地上生长的野生花卉范围和种类更加广泛。

检查被挖掘场地的位置与营养来源的关联

被挖掘的场地可以像花园一样大小［可能几平方米（平方码）］，但是至少要足够大，或者要在一个够高的地面标高上，这样才能防止周围和附近肥沃土壤的营养快速、过度地渗流。在这块"棘手问题"的场地上，我们能够看到堆积的表层土正在逐渐产生影响，事后想想，我们是不是应该把这些表层土堆积得离挖掘地块更远一点。灌木篱可以将贮藏堆积在土壤中的营养慢慢吸收。至少，我们可以很确定，我们附近的堆肥和累积起来的肥料向我们挖掘的地块的相反方向流走了。

在景观形成前，将草类切割低矮是明智的

在这方面，不管从短期还是从长期来看，被移开的表层土的潜在作用就表现出来了。比如，如果我们要用那些无家可归的"讨厌鬼"杂草建立一个草堆的话，那么不切割这些草类就有益处了。但是，如果土壤已经被改良了，很快就要被用来建立起一个草本植物花园或是花境的话，这些高大的草类就会阻碍栽培进程。我不能容忍除草剂的使用，但是蔓延性的杂草，比如匍匐冰草，就必须要被控制住。做一个暂时的覆盖堆可以使草皮上的草类分解腐烂变成堆肥，但是，将会有大量的杂草种子储存下来，而且这些种子在未来的好几年里都有活性。我们自己的土壤种子库就给我们带来了一个持续的遗留问题，就是那些蔓延性的毛茛和绒毛草组合，它们在一起成了表层土堆上植物覆盖层的优势种（见下文）。这也突出证明了尝试在肥沃的表层土壤上很好地混合种植禾草类和野生花卉是不可能的。我们知道，我们在表层土堆上播撒经济的"稳定草地混合种类"根本就毫无成功的希望，但是，我们需要用事实来证明这一点。

提前决定被移走的表层土的用途

表层土的数量决定于挖掘的深度和整个工程的规模，大概会有数百吨。表层土大致上会被重新处理（比如用来种植蔬菜），或者也可能被卖掉——为我们的挖掘买单。肥沃的表层土也许是野生花卉的敌人，但是，因为它复杂的、可以支持生命的肥力，也应该受到尊重和重视。不要希望分开我们剩余的土壤，要把它们变成一笔财富：一个杂草堆，我们可以在上面放牧，还可以通过它欣赏周围的乡村景观。

记住挖掘需要干燥的天气

如果地面潮湿的话，对土壤结构和土壤生命体的压实和破坏都会发生。8月是挖掘的最好月份，在9月播种前可以为土壤的准备留足充分的时间。一定要提前做好充足的准备。依赖受越来越不稳定的天气支配的承包商是不可行的（我们在持续数月的雨季来临之前刚刚做了挖掘工作，险些就错过了）。注意：在某些情况下，挖掘可能需要规划许可证。去确认下是明智的。

有了周密的计划和准备后，我们所需要的就是一个有技术、可靠的当地承包商，干燥的天气和修剪低矮的草地已为我们这半英亩地块的挖掘工作创造了理想的开工环境条件

土地管理

为小牧场大小的场地，租用一个挖掘机

各种尺寸的挖掘机都能租到。甚至还有一些小型灵巧的挖掘机可以处理那些最小的场地，而且它们造成的扰乱也最小。当我们处理那块半英亩的场地时，就依赖于我们那位当地承包商的技术和判断，去选择一个适合的机器（在这种大尺寸的情况下是一辆卡车），做这项工作的速度和效率来自于重要的经验。

为花园尺寸大小的场地选择一个草坪收割机

草坪收割机也可以租用，而且在移除草坪层和几厘米（1~2英寸）深的表层土的时候是很高效的。还可以用这个机器去疏松下面的一层或几层土壤。疏松的土壤可以被铲起来，留下一些碎屑，建造一个种植床（我不确定这些机器在多石的场地上工作会如何，但是我发现对于那些不能使用挖掘机的小型场地来说，这个机器真是非常有用的）。

移走表层土，暴露出不肥沃的底层土

就这一下，就可以解决额外的土壤肥力、粗糙的草类、入侵性的杂草和大多数的杂草种子库等问题。一个有锯齿的（不是边缘平滑的）挖掘机铲斗可以为建造播种床和播种创造有利的条件。幸运的是，我们的挖掘机司机很有技术，这个机器对这项工作也很适用。平均18厘米（7英寸）厚的表层土被移走了，留下一个一点也不混乱的场地，在播种前只需要最小限度的耕作就可以。

必要的话，挖掘后要清理

清理讨厌的杂草残留物、少量的根系或是会损坏后期管理用的机器的大石块。原则上来说，合理大小的石块对野生花卉的建植是有益的。我们尽可能地在场地上行走，清理了可能会有破坏的非常大的石块或是入侵性植物。

在地面上耕作，准备一个适合的播种床

种子需要与土壤表层亲密接触，所以耕作不必太深。圆盘耙、重型耙或者旋耕机对大面积的场地来说是适合的。这取决于土壤类型和挖掘后整理的程度。小面积的场地可以用园艺器械或是手工做准备。在我们那块半英亩的场地上，我们使用重型耙和三个强壮的劳力，这样就避免了带有重型工具的拖拉机可能带来的额外的土壤压实。

尝试进行合理的、对种子有益的耕作

在新的耕作后，要考虑是即刻播种还是等待一段时间。这取决于土壤特性、耕作的深度以及目前和之后不久的天气状况，还有在播种之前可利用的时间。如果播种床很疏松（比如在翻土之后），那么就要为处理新耕作的土壤留出时间。要注意，微小的种子一定要播种并保持在土壤表层的附近，所以，需要让土壤和种子保持良好的接触。在黏性很大的黏土上，我们在它变得凝结或者紧实前，就很快播种了，这也是为了防止即将到来的潮湿天气，如果等待的话会有损失惨重的后果。

调整需要的种子数量

种子供应商会指导你的播种量，这取决于你选择的商业野生花卉混合物的种类；但是，他们在贫瘠的土壤上经常会犯错，而移除的表层土对这些种类可能是适合的。把土壤分成条状可以确保种子的合理分布。将种子与像湿沙或是锯屑之类的物质混合起来是被极力推荐的。我们使用了大量的这两种物质的混合物。一个粗略的指导是，大约10克（1/3盎司）的种子可以加入到一个14升（3加仑）的桶中，桶内含有50：50的略微湿润的沙子和锯屑的混合物。

使用播种机或是手工播种

播种方法取决于场地的大小、土壤条件，还有你是否相信自己手工播种的均匀程度。颜色较浅的锯屑会帮助指示种子的覆盖面和播撒的均匀度。晴朗的天气是播种时需要的；否则，就要考虑风力的强度和方向。很显然，不要用哪怕一粒化学肥料！我们是手工播种的，三个人并排行走，每个人之间5厘米（16步）的距离，在一个大的弧度范围内，有节奏地撒播种子。

将土层滚平，然后让种子和土壤良好接触

平滑或是环状的（剑桥环）滚轴都是可以的。

注意：地面潮湿的时候不要做这项工作（我们的黏性土壤使得滚平土层非常不好操作，所以在干燥的天气里，我们轻轻踩踏种子就像一直以来处理大的石块一样）。

在草地形成年份内的管理工作

第一年

如果土壤肥力成功地降低，那么在第一年要做的工作就很少。如果小鼻花草萌发了，那么草类的生长也是受控制的，所以在夏天的时候并不需要收割。这就意味着你可以坐在那欣赏暂时的一年生的麦田景观，让这些小鼻花成熟并把它们的种子散播出去以保持一代代持续地生长。这会是有益的一年，但是某种程度上，草地

的外貌和季节性的管理确实不典型，播种的结果也不可预知。有一些种子仍然在休眠，而有些种子会受到鼻涕虫和真菌的伤害。玉米地和黄色的小鼻花带来的色彩和令人愉悦的景观是稀疏的、分散的，但是这个时期的重中之重是多年生花卉的存活和发展。如果，运气不佳或是管理不善，表土层挖掘得不够或是营养物质又重新倒流回土壤中，那么你就会面临一年生杂草和草类的过度生长等问题。这种情况下，你就得牺牲一年生的花卉进行割草，来控制住这糟糕的局面。当然，情况不一定像我假设的一样，但是从这点上来说，我们所做的挖掘工作是很充分的。

保持记录让工程更加合算

划出一个边长1米（3步）的方格，并且每年坚持记录方格内出现、发展和改变的植物种类。如果场地条件允许的话，还可以多建立几个这样的方格去记录值得注意的差异和变化。我们用淡褐色的小灌木茎干做了两个比较显眼的25厘米（10英寸）高的方格。另外还做了一个金属的方格，金属更加实用，使用时间也更持久，而且当草类生长起来以后，会变得很不显眼。

为了防止人的进入破坏年幼的小苗，最好开辟狭窄的收割小道

这个措施可以防止穿越草地检查动植物时造成的胡乱践踏。如果你注意到任何地面上有残留的肥力痕迹，就要控制和引导路径的方向将肥力引向草类（移除剩余零碎的肥力）。我们开辟了非常细长的蛇形小径，以促使我们可以到达草地和方格的任何角落。我们还在那些植物生长得特别旺盛的地块开辟了两个可以停留和擦身而过的地方。

留心和控制那些不想要的植物种类

在这段时间处理那些不想要的种类是最容易的。土壤肥力低的时候，杂草问题是最小的，但是要记住：一年的播种可能带来多年的除草，要及时处理掉杂草。在早些年的时候，我们的杂草问题是最小的，少数的弱小的酸模属植物一旦发现就要被迅速拔掉。

种子成熟时要采集并且进行区分

为了均衡和增加草地植物种类的传播，种子成熟时要进行采集并且迅速播种到需要的地方。保留一些种子在晚秋的时候播种也是个好主意。把它们放进纸袋里保存在通风的地方。我们还播种了一些其他的外从当地草地和乡间小道上采集的种子（在允许的情况下）。

季末的时候要修建草地并进行整理

一年生种类褪色的茎干要清除走。草类应该会很少，如果有的话，最好在九月末之前就尽快收割，因为九月末枝叶就开始枯萎了。勤快地移走任何收割物总是有必要的。我们发现了一种很适合在草地上的小块区域进行收割的设备——一个带有树篱修剪刀具的割草机。它的功能就像传统的艾伦长柄大镰刀一样，但是，操作起来更加简单，而且可以只针对某些地块，而保留那些生长着正在结实的晚花植物的地块。与传统的割草机相比，我相信这种机器对野生生物造成伤害的概率更小。

播种或者移栽额外的植物

这是另一个播种和移栽额外植物种类的好机会，因为此时来自草类和其他建植植物种类的竞争不是太强。野生花卉的种类越丰富，能支持野生生命的范围就越大。尝试穴盘播种一些新引进的植物种类，然后等它们足够强健后再进行移栽是值得推荐的。我们也移栽了一些盆栽的植物种类，这样就抓住了移除那些不想要的杂草和生长太旺盛的草类的机会。这些新进的种类被放置在该放置的地方，两项工作一起进行！

随后几年内的管理

遵照与28～31页的草地日程大纲上列出的传统干草草地的收割操作（如果可以的话，进行放牧）同样的原则。对整个生长过程做一个评估，以合理判断收割的时间。目标如下：

保持抑制草类生长；

允许有增加野生花卉种类多样性的机会；

考虑其他的野生生物。

根据草类的生长过程评估收割时间

如果表土层的挖掘工作充分的话，那么草类就不会是什么大问题。全面的收割体系允许你去面对各有优劣的多样情况。如果真的碰到了杂草丛生的场地，可以在6月或是7月的时候进行割草，帮助降低土壤肥力并且抑制植物旺盛的生长力。记住，移走草类收割物是很重要的。

保留野生花卉旺盛生长的地方一直到它们结实

种子可以让它们自由落下，也可以进行采集并加以区分。如果有些地块一直到圣诞后才收割的话，那么对野生生物也是有益的。

改变某些草径的位置

野生花卉可以在附近修剪的草坪上找到萌芽生根的机会。在随后的几年内，如果路径旁的草类生长得足够高大，因为有机会开花，可能会有新的种类出现。

持续引进新的种类（播种或是栽植）

在草地的形成时期做这项工作要更加容易，但是，可能会有一些种类在萌芽和生长前需要比较特殊的土壤条件才能够持续生长。土壤真菌、细菌、昆虫和那些人类不可知的自然界的神奇力量都会对此有影响。对待野生植物要有足够的尊重和耐心，几乎所有的草地建植者都会持续地为大自然系统的工作方式感到吃惊。一旦草地的生态系统进入一个模式后，扩大草地多样性的机会就增大了。但是，对我们大多数人来说，集中精力去种植大量我们想要并长势良好的野生花卉还是比较容易的。草地管理的部分魅力就是观察并记录整个进化过程。

收割管理体制对野生花卉的建植和发展有直接的导向作用。割草的路径通常反映了管理者的兴趣，但是收割的残留物一定要清除。它们也促使进入草地的其他部分更加诱人和更加可操作

野花草地的类型

到目前为止，我已经用我在巴克兰·牛顿地区的野花草地阐明了某些问题。这个部分说明了每个野花草地更多的细节和围绕每个案例管理存在的问题，以及一些小的野花草地的营建信息。戴维草地是野花草地修复的实例，而新干草草地是我们从头开始营建的一个例子。花园草地则描述了混合野花草地和野生花园植物在野花草地中或强或弱的竞争。小而多样的野花草地项目则讲述了它们独特的故事。每一个经验都带给我信息和灵感来继续营建另一个野花草地。每一块野花草地都是"双向控制"的，需要理解所阐述的管理技术和工具，并根据每个野花草地所处环境的不同来选择相应的管理技术与工具。本章将讲述我们在每块不同的野花草地中迎接挑战的方法。

我的第一个目标是营建一块传统的干草草地，我和我的丈夫彼得过去常常在我们的野花草地营建过程中实现这一目标。在那些顺利的时期，野花草地对我们如同成品，它们通过几十年甚至是几世纪坚持的每年干草修剪和冬季放牧来实现景观。在我们营建野花草地的岁月里，我们非常喜爱见到和使用野生花卉种类，比如菁草、车前草、野生红色三叶草和黑矢车菊，我们认识到草本植物的营养价值和它们对于树木的药用价值。尽管如此，我必须承认，我们理所当然地认为它们应该存在。我们知道的非常有限，国内的农业在什么区域加强了精耕细作，化肥和除草剂对于第二次世界大战以来因耕作而正在减少的野花草地无异于死刑判决。虽然我看着这个过程的逐渐发生，然而我们都无法预见，到目前为止仅有2%物种丰富的野花草地保存了下来。雷切尔·卡森和米里亚姆·罗斯柴尔德夫人正在从事这件事情，但我担心他们的呼声太单薄。现在我希望加入其中还来得及，至少把我们独特的野花草地托付给我们的后代。

我认为看清野花草地植物的营养和药用价值是不明智的，这些种类几乎在现代野花草地营建中被去除。车前草是其中最有可能幸存的一种

戴维草地

（修复的野花草地）

尺度

彼得和我幸运地拥有这块成熟的野花草地，面积大约1英亩（参阅10～11页）。土壤是黏土地基上的天然肥沃壤土，并且在正常年份里排水自由而合理。据我们所知，在过去20年，这块草地没有被滥用化学药物，但是有几段时期，当土地的租赁者变更时，必要的干草草地的管理停滞了。我们从1994年开始成为租赁者，认识到了土地的潜力，并遵照我在第28～31页草地管理日历中描述的准则开始了修复计划。戴维草地从一块因放牧和缺乏有效管理的草地逐渐变成一块美丽的野花草地，野生花卉和野生动物在这里大量地繁衍和茁壮成长。我们给它命名，以纪念我们亲爱的邻居罗伊·戴维和琼·戴维，他们曾经拥有和喜爱了这块土地超过30年。

再生

起初，野生花卉种类的数量是有限的，包括不太想要的荨麻、蓟和禾草，这些种类经常在放牧文化未间断的区域出现。但是，在彼得采用传统的干草草地管理和我进行一些种类处理的几个季节后，毫无疑问，显著的变化发生了。丰富的野生花卉开始繁衍，我们1英亩的草地吸引了大量的野生动物，同时原来毫无特色的小牧场被修复成了动态而绚丽的野花草地，也许在一些年以前它就是这个样子。野生花卉的种子一定已经在土壤种子库里，等待适宜的条件萌发和生存。我们只要控制不需要、观赏差的种类的生长，在合适的时间进行每年一次规律性的干草修剪，在秋天又会有重新茂盛生长的禾草，如此每年通过放牧或修剪进行管理。

戴维草地，以罗伊·戴维和琼·戴维的名字命名，他们是这块野花草地原来的拥有者。这块小牧场一段时间以来都只用作小型马的放牧

储存管理

我们同时考虑了把我们的场地营建成为吸引野生生物的栖息地和我们的储存干草的兴趣。考虑到马和羊的健康，我们需要考虑草本植物的药用价值，例如蒲公英、车前草和蓍草，它们会丰富草地的矿物元素和其他必需元素的含量。它们对于野生生物同样具有价值，所以我们考虑的两个兴趣点巧妙地交叉在一起。然而，在我们开始修复计划前，我们需要观察自然的野花草地，并了解我们的场地应该如何根据它的环境而改造。

环境影响

在所有野花草地开始营建或修复时，不能孤立于周围环境而进行观察和考虑。其应与周围特征相关联，比如成龄的树木、灌木树篱、水分因素和道路都将影响到植物群和动物群。当地的栖息地是树林还是湿地，都会影响到拜访的野生生物的范围。相邻的花园或田地是有人管理的还是穿越田地的公共道路，也将会影响到野花草地的营建。很明显，当周围的土地得到有效的管理，带来的好处是显著的。被车压死的动物和交通尾气排放带来的污染会造成不可避免的损失。虽然我们居住在令人愉悦的田园地区，但土地两边的道路逐渐变得繁忙起来。被熟知的营养污染带来的富营养化，导致植物过度地依赖营养物质和磷，我们观察到某些种类比其他种类获得更大的生长优势而且很难完全清除。例如，荨麻、豕草和欧芹生长旺盛，其他植物则无法正常生长。

灌木树篱

戴维草地的周围用乡土乔木和灌木混合种植形成树篱边界。树篱边界在某些地方允许长高（白蜡树和美国梧桐占据优势的地方），在有电力线的地方高度受到限制。对道路使用者留出透景线的地方，每年进行修剪。不同的边界管理方法可以为野生生物营造尽可能多的栖息地。例如，一些野花草地里的蝴蝶需要开阔草地和灌木树篱的结合，以便获得食物和产卵，完成它们的生活史。鸟类经常喜欢在修剪过的生长稠密的树篱上筑巢，但更依赖于在开张树丛中寻找昆虫和浆果。一些蝴蝶在乡土灌木的树梢产卵，成为规律性绿篱修剪时修去侧面和顶端枝条时的牺牲品。蝴蝶和鸟类都依赖悬钩子属植物作为重要的食物来源。蝴蝶从蜜源丰富的植物中获益，这些植物包含了三种糖类，悬钩子属植物需要在白天处于全光照条件下，我们改变边界的管理方法，以便每个部分每年修剪一次。所有带刺树木修剪掉的枝条被留在树上或放在地上修剪树枝的表层。这种方法加强了可能被动物作窝的地方的安全。作为给我们的邻居罗伊·戴维和琼·戴维夫妇的礼物，我们在场地的东北角种植了一株具有纪念意义的橡树，其种子来源于相邻的另一颗橡树。

土地边缘

　　灌木树篱边缘的植物大致界定了树篱空间结束的范围，干草草地开始对野生生物变得至关重要。在传统的农耕术语中，场地的最外围边界被描述为"畦界"。如果一块丰饶的场地边缘被留下来未修整（或这块地适宜开垦而未进行耕作），它将成为草地边缘的一部分。用现代环保人士的术语，它将被重新定义为"生态交错带"，是指两块栖息地相交融的地方。不论怎样定义，它都是支持各种不同生物生存的富饶栖息地。一些野花草地植物，例如蒲公英、矢车菊和蓍草，同样在灌木树篱中不受限制地生

灌木树篱中乡土的乔木和灌木为许多生物提供保护、食物和繁殖空间，包括一些野花草地上生存的蝴蝶

长。土地边缘对于一些普通的禾草是有利的生长地，允许它们以其复杂的方式茂盛生长。例如，鸭茅和绒毛草在野花草地中的数量达不到预期的效果，但它们对草地中一些蝴蝶的生存至关重要，蝴蝶将卵产在植物茎干上。我们在这片未修剪的、草丛繁茂的栖息地上留出大约2~3米（6~10英尺）的边缘，但是我们不得不控制灌木的生长，这样可以避免悬钩子或黑刺李根系生长太长侵入野花草地。我喜欢在野花草地的边缘散步，观察并记录一些踪迹和洞穴，这些发现说明了田鼠、鼩鼱和一些大型动物的活动。晚上，当我听到猫头鹰的叫声，我确信，在巴克兰·牛顿地区和其周围有足够的食物提供给它们。

沼泽栖息地

翠鸟在未被污染的河流边是很难被观察到的一种鸟类。当我们注视着西边被莱顿河（the River Lydden）界定的边界，偶尔会看到与众不同的闪耀的绿松石颜色。当草地逐渐地倾斜和降低，土地会变得潮湿和特别肥沃。这片土地在5年前因为电线和排水管道的施工受到了严重干扰，而现在正努力回到植物群落有序共生的状态。多年前，河流的泛滥因为水闸的修建得到了控制，水闸也可以有规律地在冬季淹没一些当地的草地。河流的淤泥覆盖在土地上，增加了足够天然的营养物，保证了第二年干草作物的生长。在春天要开始种植禾草时，水闸的门被打开，水流入河道；在草地用于禾草生长和放牧的时期，河流中的水不受约束地流淌。河流边缘的一些土地因为地势较低，终年湿润。这种半湿润的土地通常单独管理以用于放牧，因为对于整个夏季都湿润的土地，禾草的生长是不可能的。所以沼泽栖息地成了我们野花草地的一个角落。但潮湿栖息地上生长的植物种类比地势较高、更干燥、每年规律地被修剪和放牧的草地更加丰富。

可保护野生动物和种类丰富的植物群落

在潮湿、肥沃的土地上，源自黏度适中的土壤或黏土的干草植物种类会变得生长势更强劲，它们中的一些，在其他环境中被认为是入侵植物。但这些植物有利于野生动物的生存，它们可以提供花粉、花蜜给昆虫幼虫作为食物，也可为鸟类提供种子作为食物。这些植物中的大多数都是美丽而多彩的，尽管其中一种或两种的美学价值遭到过质疑。我忍受着蓟、酸模、荨麻和入侵性强的柳兰，同时引种大麻叶泽兰、紫草、豕草、缬草、黄菖蒲、川续断、千屈菜、绣线菊、玄参、野生白芷和大车前。后面这些植物种类更易于在沟渠上生长。原来剩余的种类参与或退出竞争，以获得自然演替的开花植物群落。作为唯一的二年生植物，白芷和川续断不得不提高生存适应性，以便和多年生植物竞争。包括鸭茅和持续生长的高羊茅、绒毛草在内的禾草，在其他环境条件下是祸害，但在这些"彪形大汉"中只能算作是"硬汉"！植株较高大的池塘莎草是非常潮湿的小块土地的主角。而植株较软或较硬的灯心草科植物在其他潮湿场地上更具优势。藏红花色水芹在更靠近水边的区域生长。在它产生种子并传播到河道或土地的其他区域之前，我修剪下这种有很强毒性的植物并小心地处理它。我同样小心地处理古老的狗舌草，即使我被告知这种特殊的植物是非典型的狗舌草，对牲畜无害。我不能用我的马或我邻居的牲畜冒险。当然，植物专家们可能会随着研究改变他们的看法。但是目前我仍然认为这种狗舌草是一种特殊植物，对牲畜可能有害。

酸模的天堂

我相信认为酸模在某些环境下具有吸引力的观点可能属于少数派。通常农民和园丁都讨厌酸模，但它对于野生生物是有益的，例如以种子为食的鸟，同时酸模能维持相当数量漂亮甲壳虫的生存，包括酸模叶甲虫。这种有金属光泽的绿色家伙以叶子为食，使叶子仅剩下叶脉。它可以占据较大的生存空间，严重地影响植物的繁殖能力。当地的作物种植者研究并利用了这种天然发生的生物控制过程。毫无疑问，酢酱草是漂亮的野花草地植物之一。在我们地势较高的场地，生长着普通的酢酱草，开花效果出色，为小的铜色蝶提供了必需的食物。豆沙红色的花的光彩只有当成群的金翅雀令人炫目的颜色出现时才会黯然失色。

小鼻花——朋友与支持者

几个世纪以来，我们周围的布莱克莫尔山谷已经成为放牛的农场，肥沃的、缓缓起伏的土地上生长着繁茂的禾草。我不得不辛勤地劳动以减少长势强健的禾

草数量。通常割除禾草是成功的关键，但我会留下美丽的一年生草本植物——小鼻花。我有一块特别的场地，现在长有大量的小鼻花，禾草相对比较少，结果野生花卉特别茂盛。虽然已经采用了一种"天然的"平衡方法，但仍需付出很多的努力才能推动草地生态系统的实施。起初，我采取了播撒小鼻花种子的方法，结果令人失望。我没有意识到，小鼻花虽然是依赖于禾草的半寄生植物，但是它的种子发芽和初期生长需要充足的空间。在密集的草地上，和其他植物的幼苗一起生长，小鼻花种子较难萌发，这限制了它的生长。我尝试了从小的植物上采集小鼻花种子，播散到不同的区域，然而成功率不高。

小鼻花的故事

有一年我注意到，沿着一条废弃的狐狸或獾穿越的小路两侧的条带状地块上生长了大量的小鼻花。割除了茂盛生长的禾草的荒地对小鼻花发芽是一个好的机会。我利用这个机会，模仿狐狸，利用手里收获的大量小鼻花种子，沿小路进行了播撒。小鼻花种子活力只能持续几个月，我在深秋开始行动，在地图上标出禾草最茂盛的地方。和我以往选择最鲜绿的地方不同，这次我挑选了一块肥力较低的场地。我在建植草地和抑制生长方面模仿了狐狸开辟通道的方法，穿着劳动服修剪出一条有规律的通道。在冬天我挖出一些草根并开出一些小路，并将多数的种子在秋天和初冬进行播种，第二年3月份，我们修剪出更多的小路，撒下剩余的种子。4月份，种子在我们播撒的地方奇迹般地发芽。结果非常成功，但在它可以自播繁衍之前，我们不得不连续几个季节做同样的事。通过这种原始的"小鼻花苗圃"，我收获了几代的种子，不仅播种于我们的野花草地，也用于一些其他的草地建植项目。

小鼻花是一种受禾草偏爱的半寄生植物，它从寄主植物的根系获得养分从而限制了寄主的生长。当野花草地建植后，如果禾草数量较少，没有压倒性竞争，野花种类可以繁茂生长

观察和评价现有野花种类

当应用小鼻花作为野花草地的优势植物，确定野花草地中种植的其他植物种
类和比例要容易得多。其中不包括特殊的植物，尽管我认为软实水芹对于英格兰西
部区域是特殊的。因为在戴维野花草地，软实水芹的出现预示着植物的本土化和标
识了种植的区域位置。在早春撒播受人欢迎的蒲公英与长叶车前草和草地碎米荠的
组合，野花草地逐渐由草地毛茛和小鼻花形成如黄色薄雾笼罩的景观，同时草地之
上还点缀着鲜艳斑块状分布的黄褐色和红褐色。当我仔细地近看草地的基部时，发
现较少的繁缕属植物以低调温和的方式占据了野花草地的底层空间。我引种了天竺
葵和软实水芹，同时还有法兰西菊，它们改变了逐渐凋谢的草地毛茛占主导的黄色
调为主的草地景观，形成白色为主色调的如帆布覆盖的景观效果，点缀着少量的蓝
色（天竺葵和不太显眼的夏枯草）。紧接着紫色的矢车菊打破了白色的静谧，数周
内接管着野花草地的景观，其中混入了蓝色的簇绒野豌豆、黄色的百脉根、草地豌
豆和猫耳菊，以及长着毛茸茎干的乳白色的绣线菊属植物。最后出现的景观是零星
点缀的花如蕾丝的野胡萝卜和白色头状花序的蓍草。

绣线菊——朋友还是敌人？

在我们的草地上有一些不显著的地势变化。即使是非常轻微的土地平整度的
变化，也会带来土壤保水力和相适应原生植物种类的有趣变化。我们发现在7月
份有一条非常明显的开满绣线菊的地带，绽放着气味芳香、美丽的白色花朵。但
是它们是具有侵略性的植物，这缘于它们密集的木质根系，因而其他植物被有效
地排除在它们的生长领地之外。在5月末的时候，我会修剪出一条小路，特别在
某些绣线菊生长旺盛的地方，这样可以使我们漫步在未修剪的具有香味和毛茸茎
干的绣线菊中，我也会采集一些花蕾干燥后作为草药使用。剩下的花朵在开放
后、结种前会被修剪掉，以阻止它们拓展自己的生长区域。

初夏，野花草地黄色毛茛盛开产生的景观效果因混入红色酢浆草和银色花蕾的狼尾草而加强，接
下来天竺葵和软实水芹即将绽放

肥力过剩问题

在另一块小的区域，由于水分和来自于邻居池塘腐烂物质产生的过剩肥力的综合作用带来的不利影响，野花草地中的植物种类发生了戏剧性的变化。这加剧了绣线菊的旺盛生长，还致使一些小地块中荨麻占据了优势，其中混杂有一些柳兰。我希望可以通过种植一些芦苇来吸收杂质，使过剩的营养物进入到相邻的河流中，但是我担心不能有效地控制芦苇生长，其会侵入野花草地，引起更多的问题。我已经种植了一些柳兰作为屏障，以使污染减少到最小，并通过常规修剪控制柳兰的生长。一个成熟的作为边界的树篱同样可以吸收污染物，但是相应地，它会产生影响野花草地植物生长的投影。这样使我不能确定荨麻生长的区域是否可以获得足够的光照，以利于蝴蝶的繁殖，但是也许天蛾会在柳兰植物上产卵，柳兰是其幼虫的寄主植物。

重新评价荨麻

荨麻是很好的土壤肥力过剩指示植物，也是具有活力的野生植物，它们是孔雀蝴蝶、赤蛱蝶和小的龟甲蝶幼虫常见的食物，偶尔也会成为小苎麻赤蛱蝶、狸白蛱蝶幼虫的食物。狸白蛱蝶似乎有时更喜欢在灌木篱墙阴影下的荨麻上繁殖，所以有些我认为有问题的地方反而更有利于它们。荨麻同样也是早期蚜虫的食物，而蚜虫是早春瓢虫必不可少的食物来源。所以我确实希望能够在野花草地中容纳荨麻并有效地阻止其入侵生长。我的这块野花草地有个罕见的现象，野花种类生长在富饶肥沃的土地上，但是土壤肥力的加强并不依赖于化学肥料。保持土壤肥力的平衡是维持和增加野花草地植物种类和多样性的关键。在肥力极度过剩的区域，荨麻的生长应该受到限制，特别当土壤富含有机肥时，然而实际情况是荨麻在这些区域仍然旺盛生长。如果这个地点是朝南的，比如是最东南边的区域，我会在荨麻产生种子之前进行修剪，并把它们的植株用于堆肥，它们储存的氮肥可以帮助降解其他干燥的材料。随后再长出的荨麻植株可以作为蝴蝶产的卵的储备食物。我尝试着在一些阳光更适宜的地方做同样的事，结果经常吸引来黑色毛虫家族。留下一定面积的成熟荨麻是很重要的，这些未经修剪的荨麻将成为毛毛虫化蛹的地方。到了冬天，放牧的牲畜将从荨麻茎干植株中获得有营养的食物。

限制入侵植物

试图控制荨麻的生长区域是一个艰难的过程，但是，和绣线菊一样，我可以至少通过规律地修剪来阻止植物传播到周边区域。同样的原则可以用于匍匐生长的蓟。蓟对于野花草地植物的生长是一个威胁，并被列入了粮食和农业部门列出的名录中。尽管如此，蓟是一种很棒的花蜜植物，也是精致的小苎麻赤蛱蝶最喜欢的食物。我认为蓟是夏季野花草地最能引起嗅觉共鸣的植物之一。虽然它"声名狼藉"，我却不能不喜欢它，尽管我确实想控制它的传播。众所周知，在干草草地中处理蓟很有难度，蓟入侵到周围土地中是令人头疼的事情。修剪策略中提供了适宜的修剪宽度，4～5米（13～16英尺），但它通常会被沿着南边边界要进入停车位的车辆影响。到底修剪是控制的关键因素还是交通带来的影响？我不知道答案，但是到目前为止，蓟的生长被控制在一定的区域内。

经过挑选的禾草

我非常幸运，在戴维草地中，有种类十分丰富的原生禾草类植物，它们中的大多数对于放牧和制备干草是有用的，并且对于野花草地的花卉种类来说也是理想的混播植物，同样对于栖息的野生生物，特别是蝴蝶，这些禾草种类是受欢迎的。狗尾草、黄花草、牛毛草，不管是粗犷的还是细腻的野花草地，这些禾草类植物都是理想的植物材料，特别是当小鼻花进入禾草的根系系统，其可通过吸收营养物来抑制禾草的生长。小梯牧草不太让人操心，我很放心，它们没有过度生长，也不是农业上入侵的种类。在开花早的野花草地中，狐尾草趋向于垄断某块生长的区域，很少有野花种类能在其中生长。小鼻花应用的一个意外结果是使各种植物种类长势趋于均衡，但是我没有看到在早春开花的植物种类和短的禾草之上随微风舞动的交错的具有动态美的花蕾。鸭茅，另一种可爱的禾草，尽管植株体量较大，但没有过度生长，同样的情况还有绒毛草。绒毛草传播它松软的叶子，提醒着我它是一种多产的植物，就绝对数量来说，它会抑制任何相邻幼苗的生长，当它通过种子的方式产生后代时会影响周围植物的生长。事实上，小鼻花的花很漂亮，但我不能容忍它侵占野花草地生长空间的方式。我尽量避免靠近灌木树篱播种小鼻花，在灌木树篱附近，我希望把空间留给丛状生长的禾草。在这里，由于受到场地边界范围的限制，它们不会被修剪或放牧。

割草的区域系统

在5月末，我们开始调整野花草地的管理与养护方式，除了停车区域的修剪或放牧，我们会修剪出一条窄的环形小路以便我们在野花草地中漫步，观赏野生花卉和动物。小路通常只有割草机的宽度，修建它们有很多目的，对于野生生物有额外的好处，其中的一个惊喜是使很多种类禾草的生长期延长，来访者在花园中停车的区域被控制在最小面积。利用修剪形成的小路，我们把野花草地划分成3个不同的区域，在禾草生长的地方，进行规律性的割草。每年我们都会对可以进行干草修剪或放牧的区域，按顺序规律地进行割草，生长最旺盛的禾草最早进行修剪是基本的原则。这个计划减弱了生长强健的禾草类植物的生长势以便获得通风良好的草地。这项修剪和放牧计划与小鼻花的定植相结合，获得了意外的效果。我可以容易地说出在哪些区域我们已经或尚未限制健壮禾草的生长；什么植物的生长是密集的；经过的动物，特别是狐狸、獾和狗，会留下踪迹和不再平整的草地；野花草地的其他区域，什么地方禾草和野花种类的生长状态达到平衡，没有入侵植物。例如，我的3只小灵狗可以在植物生长良好的区域赛跑而不留下痕迹。在戴维草地，干草修剪于6月末和8月末之间分3个时期进行。割草的区域系统工程被证明对植物、野生生物和小灵狗是有利的。

修剪禾草

我们首先要解决如何发现和获得适用于草地修剪的设备，这在很大程度上取决于被修剪区域的宽度。在过去，我们习惯于雇佣专门的农业承包人来进行修剪和干草捆扎。但是逐渐地，农业承包人来修剪小面积的草地变得困难起来，对于大面积的适合用机械进行修剪操作的草地，大部分情况下野花草地的植物被提早修剪作为青贮饲料。制作干草变得不再流行，使得我们小型的牧场中草地的修剪变得困难起来，没有人帮助我们。我们现在使用的是可以骑着操作的剪草机，在5月初或6月初，我们开始修剪小路和停车区域。用此种剪草机来对付长的草是足够的，只要这些草不是太密集或杂乱。我愿意描述一下我们如何以旧的方式修剪干草，我曾经尝试着使用过长柄镰刀，很不幸的是结果徒劳无功。接下来我们用传统采摘葡萄的能装上修剪机的拖拉机代替，它有多齿

只有最强健的野花种类，例如软实水芹，可以在混有成块丛生的禾草区域中，与绒毛草等竞争生存空间。但是一个生长平衡的混合种类，例如酢浆草，可以取代禾草的位置，这样看起来景致更为迷人，并且同时支持野生生物的生存

的切割机和交互作用的刀片，剪下的草被轻柔地留在原地，波浪状的收割宽度使得我们很容易在草还是绿色时就收拾和挪走它们，或者我们可以翻松剪下的草，使其干燥作为干草使用。

可供选择的修剪禾草的方法

一个可行的修剪禾草的方法是租用以发动机作为推力的艾伦长柄大镰刀，用同样的方法进行修剪。我确定这些使用机械修剪的方式，因为有锋利旋转的刀片，对野生生物造成的伤害会更小。艾伦长柄大镰刀非常沉，在狭小空间、斜坡或需要避开树木的区域操作受到一定的限制。对于野花草地中小的区域或相对独立的区域，我们尝试使用电动剪草机装上树篱或灌木修剪的齿耙。到目前为止，在进行花园野花草地中小面积区域的修剪时，以上的方法被证明是行之有效的。同样有效的还有轮式电动剪草机，有多达4根的塑料细绳，但我还没有进行过尝试，因为我担心在这个过程中修剪下的草会被捣碎，这对于野生生物的生存不利，同时修剪下来的草也无法用于制备干草；但当修剪下来的草是被用于堆肥而不是干草时，便可以考虑使用这种。修剪的禾草被切碎用于堆肥，比起长的草可以提高腐烂的效率，但我觉得耙成一堆的过程令人乏味。

如何处理禾草？

在可能的情况下，我们会制作干草，等到冬天作为饲料。最早进行的修剪制作的干草营养价值最为丰富，但即使是随后的修剪对于保存有丰富价值的矿物质也是有益的，而令人遗憾的是这些物质在现代饲料作物中是缺少的。如果修剪下的禾草由于雨水被损坏，我们会使用其中一部分作为新种植的乡土乔木或灌木的护根，它可以增加灌木树篱中物种的多样性。剩下的和自然脱落的草一起被制作成堆肥，这些脱落的草是定期在野花草地放牧马匹之后我们收集的。从小路新修剪下来的禾

在巴克兰·牛顿教区收割干草是一项家族性的活动，这项在土地耕作之前的人工收割活动持续了数百年，直到收割机械化之前。艾玛在帮助比特在旧式的木质三脚架上堆叠圆锥形的干草堆

草增加了堆肥中氮的含量，提高了堆肥中的温度，也利于从细长的茎干和杂草种子中分解碳元素。之后，堆肥用于提高花园土壤的肥力。无论如何，从戴维野花草地中获得的营养物质供给着草地中植物种类的生长生，同时每年野花草地中土壤肥力的适当降低对于野生花卉也是有利条件，这是一个令人满意的安排，我们很幸运地可以通过这种方式循环利用这些物质。如果不是这样，我会尝试让当地的回收利用机构带走一部分有机物质，作为有价值的原料，制作花园堆肥。

"区域修剪"的额外益处

"区域修剪"的策略带来了额外的4个明显的好处。首先，一次处理一个小的区域可以减少用手工制作干草带来的负担和受伤的可能性，使人心情舒畅。第二，越来越多的不可预知的天气给干草制作带来了阻力，分为3个阶段进行干草修剪，使我们至少可能遇到一个温暖干燥的天气以便在我们特别制作的木质三脚架上制作干草。第三，我们的野生生物可以获得3个好处：①草地修剪不可避免地会给一些依赖于草地生存的生物带来伤害，"区域修剪"可以使伤害不在同

时发生，至少一些幸存的生物可以爬行到附近安全的未修剪的草地中；②小路经
过修剪后较短的禾草高度对于蝴蝶更有吸引力，不同高度的禾草对于蝴蝶是有利
的；③一些鸟类，比如八哥、画眉，同样从修剪的小路中获得益处，这便于它们
进入一旁对于它们如森林般的较高禾草中捕食昆虫。第四个好处是能够留出一个
区域给晚花植物，如矢车菊、水苏、轮峰菊，它们既是持续供给蜜蜂和蝴蝶花蜜
的蜜源植物，也可为鸟类提供种子作为持续的食物，还有一部分留给我采摘用于
播种。我将采集的种子用于分享，但在夏季，当我采集种子撒播于野花草地时，
会有少量人质疑种子分享是否公平。酢浆草种子对于鸟类是如此受欢迎，以致我
有可能采集不到种子，但令人欣慰的是可以知道酢浆草这样受鸟类喜欢。

当地种子的来源

保护当地乡土植物的种子是极其重要的。环保人士试图说服我们帮助他们共
同进行当地生物多样性的保护。从英国本土植物中收集和保护种子是很重要的，
但最好的种子是采集于当地的野花草地，不同地区之间可能有微小的差异，但相
互之间应该有关联。对于门外汉的我，这项技术是神秘的，但是逐渐带给了我对
于大自然的敬畏之情。我当然欢迎来自保护组织提供的信息，比如"植物生物"
（plantlife）和"地区植物"（flora locale）的网页信息。我希望可以用更多时间愉
快地进行种子采摘，很高兴，戴维野花草地中同时可以将采集的当地种子和收到
的捐赠种子一起用于黑谷原一些小型的野花草地工程项目中，包括用于我的新营
建的野花草地。

收获种子

最先收获的种子是小鼻花，花期在6月，持续开到7月，它胖胖的荚果很容易
采摘、干燥和脱皮，所以可以去除果皮后单独保存种子到秋天播种。其他野生花
卉种类和禾草种子需要轻柔地从果实中取出。一个非常有用的方法是风选，这时
候锅是一个很有用的工具。有时候其中会无意中混入很小的昆虫。我会在纸袋中
储藏一定数量的完全干燥和干净的种子，装在一个密闭的容器中，再放到冰箱里
或者至少是干燥、凉爽的地方，避开老鼠和蚂蚁。如果可能，我会在夏季的野花

草地中——区分所有成熟收货的种子，观察它们在自然界是怎样的状态。即使许多种子可能在土壤中休眠数个月到数年，在成熟后的8～10个月的时间内，储存种子的发芽率会降低。有的时候，草地植物种类太过密集，使得种子成熟脱落后不能接触到草地基部的土壤表面。在这种条件下应该推迟播种，直到秋天最后一次修剪或放牧之后，或者来年的春天。

在草地中播种

在已经建植的草地里通过播种的方式增加野花种类是一项具有挑战性的游戏。只有很小比例的种子有机会萌发，并成功和周围的植物竞争获得生存空间。在已经建植的草地中也存在禾草类和野生花卉类植物的种子库，其中一些种类并不是我们建植野花草地时的首选。使用重型耙在场地进行耕作可能创造一些种子萌发的机会，但实际上这种方法对于小型的野花草地是不切实际的。采用小型的金属耙会更有效，特别是对于条件特殊的场地。野花草地在尺度和特点上差异较大（我建植成功了一些迷你的令人愉快的野花草地，面积只有几平方米），这使得清理场地和接下来我们可以进行的人为干扰植物生长受到了限制，很多次，这样的场地似乎没有选择，只能尝试不同的方法。

控制和替代不需要的植物种类

有的时候在野花草地中会存在植株体量较小、不太明显的植物种类限制野生花卉种类增加的情况。在戴维草地，匍枝毛茛和白三叶草就是这样的类型，即使不多，也会影响到野花种类的生长。对于其他植物种类的幼苗来说，很难在有这样生长强健的植物中安营扎寨。在一些潮湿、肥沃的地块，甚至出现了其他植物无法正常生长，只有匍枝毛茛的情况。草地毛茛也有类似的情况，但它们的入侵性稍弱，能与其他野花种类共生，这源于它们的生长方式不是匍匐状的，根系的入侵性也较弱。在匍枝毛茛遍布的区域，如果不采用彻底的方法，很难改变匍枝毛茛与其他植物间的生长关系。我曾经尝试通过挖除匍枝毛茛的方式来解决这个问题，但这会刺激其土壤中储存的种子萌发，导致我们无法控制。

用于草地表面的小型耕作机

通过租用电动草地耕作机，移走大片生长的匍枝毛茛和相当数量的种子以及非常肥沃的表土，我们获得了更多的成功。草地耕作机设置为5厘米（2英寸），可以挖起植物和它们大量的根系。这样会导致不同面积的裸露空地，但一般面积小于1平方米（3平方英尺）。然后我们尝试在其中播种一些需要的植物种类。一些小型耕作机被用于表土水分易于排干的区域，这样我们可以在敲碎表土并整平土地之后直接播种。在其他区域，使用小型耕作机后会留下一些如弹坑的空地，雨水积存其中，很难排干。我们只能估计这些区域的价值，在其中播种一些能够耐水湿的种子，比如仙翁花，或者在其中填入沙子播种一些对土壤营养要求不高的种类，以和原生的杂草竞争生长。虽然我们两种方法都尝试过，但是仅获得了不同的有限结果。小型草地耕作机和家庭常用的耙子结合使用来种植裸根苗通常建植效果较好，最糟的情况是仍然存在的匍枝毛茛抢夺了其他植物的生存机会，入侵到野花草地植物的生长范围。或许，我不应该过多考虑这样区域的面积，但

是我尽可能通过耕作修剪而不是重新建植以获得我想要的效果，这样可以减少植物间生长的冲突。

　　注：我尝试过这种方法，让野花草地受到野生禾草类的支配，而不是匍匐生长的杂草，结果是令人鼓舞的，我不断地尝试来找到成功建植野花草地的方法，但同时，我对于野花草地的自然演替投入了更多的信任。在有限的范围内，植物种类的出现都是有原因的，作为食物链中的某一项存在，并支持其他生物的生存。

放牧

　　在秋季和冬季，当我们在野花草地上进行放牧时，对野花草地的植物种类影响最大。据说牛对于实现植物种类的多样性是最有帮助的，如果草地上有大量的禾草枝叶，则羊是最有用的。马是成片地啃食草地，而山羊不是有效的修剪机。我们同时有马和山羊，所以我们尝试着更好地利用放牧以利于野花草地植物的生长。我们允许两匹马条状放牧一段时间，这使得放牧更为有效，我们同时移走掉下的植株，避免造成土壤的营养过剩，但是还是留下少量的植株为土壤中的细菌和真菌提供有机矿物质。当我们需要修剪灌木树篱，包括一些新生长的荆棘时，我们会在其中放牧山羊，让它们啃食新的区域。马喜欢啃食宽叶的草本植物，这让我很好奇，它们是如何保证每一口啃食的口感的。当马奔跑时，它们踩踏或掀起潮湿的表土。这是一种通过放牧带来变化的方法。裸露的区域通过适度的耕作可以重新建植，一些现有的野花植物种子有机会萌发，幼苗可以生长，并占据生存空间，而不用在最初就和周围成熟的植物竞争。种子可以在土壤中休眠很多年，或者裸露于地表，当条件适宜时即刺激萌发。在潮湿的环境下，我们也很容易在啃食留下的凹坑中增加野生花卉种类。我有时会从一些野生花卉种类丰富的草地上采集一些种子用到其他草地中，但我还是尽量在野花草地中使用乡土植物。冬季一段时间的潮湿之后，我们不得不停止放牧以免产生耕作的效果，一些变化可以接受，但变化会使野花草地的结构被逐渐削弱。牲畜蹄子的踩踏不利于

马不是理想的放牧动物，但是通过放牧时间和放牧条状区域的控制，我们的马"克莱瑞"成为我们野花草地管理的有效部分，帮我们移走了多余的脱落的植株

野生花卉的生长，所以对于野花草地的管理，需要找到平衡、折中的方法。我们找到的一个办法是在潮湿天气限制经常性的放牧。

借牲畜放牧或模拟放牧的影响

有的时候不能安排马的放牧，我们就给当地一个饲养羊的农民提供免费的放牧，他带着小的电子围栏来放牧，这对于任何人都是一个有用的方法，使用小型围栏来界定放牧的范围，以利于野花草地的建植。在其他年份，如果没有进行放牧，我们需要模拟放牧和啃食的效果。10月份，我们进行修剪，然后在冬天收集剪下的禾草，在泥里留下一些脚印。我发现路人并不惊讶于我们的行为，他们已经习惯于我们的怪癖。我们的努力是有效的，但是对于1英亩（约0.4公顷）的土地，一个橄榄球队的人一起模拟放牧会更有效和更容易。

丰厚的报答

戴维草地已经成为一块很棒的野花草地学习案例，我们来到巴克兰·牛顿教区的时候，如果没有得益于传统农业种植的历史，以及向植物学家和生态学家学习获得的宝贵知识，我们的野花草地项目不会获得成功。我可能从来没有真正评估过伞形科的软实刺芹星星点点的花朵的观赏价值，或许还会误以为它是有毒的，如它的近缘植物（亲缘关系最接近的植物是毒水芹，有致命的毒），而对它充满了敌意。我当然会很热情地肯定酢浆草的魅力，但是我可能不会意识到它对于小铜色蝶的重要性。带着我以前种植的经验体会，我可能会慢慢接受长势较高、花朵具有光泽的草地毛茛（即使我不知道怎么样才能喜欢它的近缘种匍枝毛茛）。这里有无尽的欢乐和发现，也有宝贵的自然财富。我非常认真地考虑过各种不同的想法和方法，享受着观察试验结果带给我们的乐趣。在这里，我发现和详细记录了野花草地管理的各种细节，希望对于有兴趣保护野花草地植物和动物的人们有一些用处。

这块成熟野花草地的重建帮助我们加深了对野花草地重建试验性尝试的理解，并使我们在自己的土地上敢于做新的尝试

新干草草地
（一块新建植的野花草地）

    1983年，我们购买了我们的平房，附近有面积近4英亩（约1.6公顷）呈荒野状态的草地。土壤正如我之前提到过的一样，肥沃的壤土和重黏土中间有一个薄的碎石层。1961年，我描述过原始的草地是这样的：多年以前，我们的土地是一般的土地，除了放牧或干草收割，没有证据表明土地上曾进行过农业生产。但是这块土地在我们购买之前一直处于无人管理的状态，其中3英亩（约1.2公顷）的土地因为放牧或干草收割，导致混乱的杂草累积丛生，如一块吸水的海绵。我怀疑这块土地曾经用化学药剂清理过，破坏了土地的生物多样性，只有少量耐受性强的植物种类存活下来，几乎观察不到生活在其中的野生动植物。

我们有限的成就

我们试图拯救这块场地的环境现状，放弃使用肥料或除草剂。但是因为周年放牧马匹的需求，对我们而言，使场地回到干草草地的管理模式，帮助场地减少被破坏是不可行的。不管怎样，至少我知道，土壤肥力的明显降低将花费20年或更长的时间。我们尽力做了我们可以做的，但是"牧马文化"（在一个小的空间内）和对草地的修复几乎不可能同时得到满足。然而，我们将精力专注于一些小地块的试验，进行了可能性的探索，尝试发现更多草地修复的有效方法。

新干草草地位于花园边缘的荒野，是属于我们的小面积场地。铲土机挖起的表土被有效地再利用于营建附近的"山峰"，供山羊享受，并作为我们欣赏当地景观的一个地方

九年努力

我们安排了一个简单的排水系统以减轻土壤表层排水的问题。然后在3只我们饲养的山羊的帮助下，开始认真地处理场地上的禾草、蓟和荨麻等草本植物。它们啃食表面，对减少这些草本植物的种子形成有帮助。它们也同样吃掉大多数作为干草收割留下来的禾草种类。通过山羊啃食草以及修剪和挖除，我们控制了一些特定种类的杂草，但不幸的是，这给毛茛属的低矮植物迅速在场地上生长蔓延创造了机会，在解决了一个问题的同时又产生了新的问题。多数年份我们采取清除场地一部分干草作物的方法。我们的一匹马在场地上放牧，在禾草新长出的区域，设置了电围栏，冬天放宽区域的范围，我尽量捡走鸟兽的粪便，避免加剧土壤肥料过剩的问题。我们划分出一些小的区域，尝试了不同重新播种的方法，结果却令人失望。在无计可施时，我们甚至在重新播种前通过使用草甘膦清理出一块场地，从而放弃了结果总是令人失望的有机种植。不论是在使用过化学喷洒药剂的草地上，还是在经过翻耕干扰的草地上轻轻地播撒种子，同样的禾草和杂草总是会重新出现，而且看起来更具有生命力，它们的生长势强于新播种植物种类的幼苗。当然我们从来不施肥，但看起来这个场地在之前几年都被采用了同样的管理方式，化学肥料的效果可以持续很多年，影响到土壤和土壤支持的微生物系统的成分组成。肥沃的土壤、大量的杂草种子库、不充分的排水和过去管理的缺失，这些因素共同作用，影响了我们九年的努力效果。

转折点

我们看不到令人振奋的情况出现，以鼓舞我们继续进行修复计划的尝试。草地并不利于牲畜的放牧。它仅提供了有限的生物保护价值，也没有使景观效果得到加强。如果我们希望在有生之年可以成功地营建一块物种丰富的野花草地，我们意识到需要做一些基本的事情，以使环境条件有利于野花草地和乡土禾草类组成的令人满意的植物组合的建植。剩下的禾草被堆成垛。

合理的建议和灵感

我们非常幸运地遇见了当地的土地拥有者和热心的生态环境保护者克莱

夫·法雷尔。我们参观了他100英亩（约41公顷）的地产，被这块广阔的野生生物保护项目异常美丽的景致所震撼，这些项目关注于修复和新建林地、湿地，特别是草地生物栖息地，在这些栖息地，蝴蝶的生存利益被放在首位。按照克莱夫的示例和他的建议，我们从1997年移走场地的表土开始进行了野花草地营建的实践（具体的方法在野花草地营建的章节进行了描述，见34页）。对于农民和园艺师，要劝说他们认同肥力丰厚的表土是野花草地建植的障碍有一点难度，即使证据摆在他（她）的面前。我必须要强调，需要去除一定深度的表土。这个过程可能会导致一些生态学层面的破坏，要确信的是新建植的栖息地会比原始状态的更有利于野花草地植物和栖息生物。我很高兴我们相信克莱夫，把偏见放在了一边，并有勇气进行这个过程，这让我们并在短时间内看到了令人吃惊的积极效果，完全可以相信结果会是令人满意的。

重要的起源

克莱夫不仅给了我们需要的鼓励，他还提供给了我们丰富的、事实上是宝贵的礼物，来自于他自己野花草地的种子。这意味着新建植的巴克兰·牛顿教区的野花草地是本地的、野生花卉种类和土壤肥力丰富的草地的"女儿"。实际上这个起源还可以向前追溯。克莱夫最初是从一块时间似乎停止的野花草地上采集到种子的，这块草地在附近一个秘密隐藏的山谷里。十五年前，他允许收获一部分宝贵的干草建起场地的种子储备库。他很高兴提供第二代种子给我，正如我很兴奋可以提供少量的第三代种子用于当地的野花草地项目。我从戴维草地和当地野生花卉种类中收集了一些种子，这些种类用于我们岸边的野花草地和当地的其他土地。我所应用的结果是获得了大量的植物种类，提高了野花植物种类与禾草的比例。

开花方式的改变

"无论什么时候播种，播种者都会有收获。"确实，在一定程度上，野生花卉只有在条件适合时才会生长。一些新移栽的植物种类以幼苗的形式出现，可以占据一定的生存范围，并形成一定的数量，争取它们的"霸权"。在最初的几年，我们在种子混合时增加了一定比例的在玉米田中常见的一年生植物。经过认真考虑之后，我们在将野花草地植物和玉米田中常见一年生植物混合时，采用了一个较低的播种比例，仅仅是1克/平方米（1/3盎司/平方码），以利于强壮健康的多年生植物的生长。玉米田中的这些一年生植物的幼苗可以固定场地中的细黏土颗粒，以保护幼小的多年生植物幼苗，带给我们迷人多彩的长满当地植物的花毯。玉米田中的一年生植物只能在最近耕作或被打扰过的土壤上发芽。它们最初定植是出现在石器时代，当人们开始耕作土地种植绿豆时，它们出现在了玉米田里，直到化学药剂的使用摧毁了多数的种类，除了偶尔剩下的虞美人。这些玉米田中原生的种类不能在结构稳定的野花草地中出现。珍珠菊、虞美人、麦仙翁、矢车菊和甘菊会很快地退出，即使有一些种子在场地中保留了很多年。除了麦仙翁，第一年之后很多的种类都会消失，但我们依然要感谢它们短暂的出现。第二年，野花草地上的多年生野花种类开始开花，最初建植的野花草地开始逐渐显示出其成熟之后的景观效果。但是我们仍然在经历和体验着出人意料的野花草地的快速

发展或毁灭的发生。牛眼菊是最常见的早期先锋植物种类，我们欣赏过它们美丽的花朵，在新播种的野花草地上，它们的生长可能无法受到抑制，但实际上，这样的植物会逐渐在数量上减少并达到平衡，其他植物会逐渐取代它们的位置。植物群落中逐年会发生植物种类的洗牌和重新洗牌，在这种不断变化的过程中形成了令人惊讶的景观效果。在我们的新干草草地上，花蜜丰富的山柳菊是早期的被移栽植物之一，和雏菊一起，形成了黄色和白色组合的野花草地类型，并吸引着寻找花蜜的昆虫。

蓄意还是偶然的种苗？

令人觉得神奇的是，植物是如何在场地进行传播的。第三年，我们获得数量空前的丰富的仙翁花，它们形成了如同笼罩在生长中的晚花植物如黑矢车菊、水苏上的极美的粉色烟雾。的确，冬季超乎寻常的潮湿，但是我不能解释在刮去表土的场地上，如此数量巨大的种子是如何找到生存的方式的。我非常确定，不成比例的种子数量中并不包含克莱夫的原始种子组合，这种情况的发生缘于移除表土使得土壤里埋藏的休眠种子被带到了光照下，产生了发芽的可能。当然，仙翁花生长在特定的区域内，这些区域正如人们所认为的那样，没有必要得过于潮湿。有一件我后悔的事情，应当在移除表土的区域留出一块不进行播种，然后我就可以观察什么植物会从土壤种子库中萌发，并对结果进行比较，虽然很难去下结论。至于会发现什么，什么植物种类最近出现的，有不同的方式：风力的传播，鸟类的携带，或是由自然界其他生物传播的。一些行动更为自如的种子，是因为其种子结构灵巧，符合航空动力设计特点，从而实现"空运"。鸟类通过粪便传播未完全消化的种子，一些种子通过附着在毛茸茸的动物身上而实现旅行。昆虫也扮演着它们的角色：例如，蚂蚁将种子从一个地方搬运到另一个地方，并

虽然我们潮湿的环境更利于仙翁花的生长，但我们仍惊讶于在第三年出现的粉红色仙翁花盛开的景象。这种植物出现在濒危植物的名单里，我们可以通过采集和分享种子进行种植，把它从濒危的边缘拯救回来

吃掉了黄花九轮草种子外面的蜡质，从而促进了萌发。当我获得这些信息的时候，我很想知道到底自然界还有多少这样未知的秘密。

小鼻花

小鼻花的出现没有任何秘密可言。我播种了大量从戴维草地收获的新鲜种子。值得注意的是，我认为几乎所有的种子都可以萌发，每一年（至少到目前为止）植物的数量应该持续的增加。对于许多野生花卉种类，种子需要一定时间的低温储存以打破休眠，如果环境条件不适宜萌发，它们会很快从草地上消失，因为种子活力只有很短的一段时间，它们是一年生植物。第一年，当其他植物仍然很小时，野花草地给人的第一印象，如同黄花九轮草的主场。虽然我混合的种子里包含了少量比例的禾草，但我确定这些禾草的生长受到了抑制，并将在很长的一段时间内受到抑制。我并不着急于野花草地的返绿，我可能会因为第三年小鼻花的过度生长而被指责，我们看不到在小鼻花和幼小野生花卉植物的海洋中有任何草类旺盛生长的迹象。但是我并不着急，野花草地的营建需要耐心而不能过于焦虑。我想要给野生花卉足够的时间，在竞争中很好地生长，毋庸置疑，最后小鼻花会被大多数的禾草植物所接受。

观察、等待、放松、享受和分享

我非常自在地看待建植初期的野花草地而并不急于有一个早期的成果。小比例禾草种类和大面积撒播的小鼻花结合在一起产生的影响，给了我一段放松的时间，并且我也采用了不一样的管理方式。我会在种子成熟脱落或被采集重新用于其他区域撒播之后，整理植物的茎秆，用独轮车拉走十车或更多还不能被称为干草的草捆。我移走的十车植物茎秆仅相当于一车压缩的干草，这对于我们储存干草用作饲料是坏消息，但对于野生花卉植物和野生生物来说则是有益的，同样对于我们的邻居也是好消息。我们减少了修剪，成熟的种子可以完好无损，独轮车运输草捆的过程中种子可以掉在路边，而路边两个新的野花草地项目正在进行。草茎秆掉落后，在逐步变干燥的过程中，种子会在干草被清除前脱落。结果是充满希望的，多塞特地区的野花的下一代将会在这里愉快地繁殖。

本地植物的变化

在早期的时候，看着具有启发性的"植物生长地图"在我们面前展开很有吸引力。植物生长的情况表明了当地土壤肥力的变化，反映出某个场地的土地是潮湿的、多石的还是干燥的。不同区域的植物种类是变化的，一些植物种类仅在某个地区生长，而其他的植物在多数区域都可以生长，形成一定的群落模式。在第一年，玉米田一年生植物的比例较高，其中加入了红三叶草，它们呈斜三角带分布并强壮地生长，分割了野花草地。以往已呈现的树篱边线表明某些特定的植物适合于较高的土壤自然肥力，这些植物需要多年地抑制其生长。野花草地中出现了一些绿色异常，这提醒我们去拟定一个准确的计划，设置以平方米或平方码为标准的网格，以便观察和记录现在和未来的变化。我同时规律性地进行照片记录。

壮观的时期

在第三年，野花草地极棒的开花效果吸引了很多游客来到我们新建植并开放的野花草地，享受野生生物花园带来的生机和快乐。他们可能会在入口的圆木座椅坐一会，欣赏着如田园诗般的景色，接下来会沿着弯曲的小路和修剪形成的环形路近赏野花植物。在这里他们广泛地和其他参观者分享着信息，进行着兴趣盎然的讨论，他们被野花种类和蝴蝶的魅力、蜜蜂的嗡嗡声以及蚱蜢的声音所吸引，获得丰富的体验。一些女士情绪激动地说"只有在我小时候才见过这样的景象。"在过去，这是很常见的景象。接下来人们的反应是"我们的野花草地怎么了？""实际上，我们失去了很多"我回答说。当看到很多人讨论进行花园野花草地尝试的意义，然后询问建议时是令人备受鼓舞的。在巴克兰·牛顿教区，要把这个问题压缩成一天的讨论是一项艰巨的任务，但却是有用的。我想我应该准备一份4～6页关于这项内容的有用传单。

媒体的反应

我们色彩艳丽的野花草地同样吸引了我们的朋友——花园摄影师安德鲁·劳森的关注，结果使我们的野花草地成为了书和杂志的主角，照片被登在了《千年国家花园黄皮书》（*The National Garden Scheme Yellow Book*）这本杂

志上。野花草地的电视节目处女秀给我们留下了磁带影像存档。记录的过程强
调了野花草地由于绒毛草和匍枝毛茛生长带来的沮丧到发生令人鼓舞和引人注
目的变化。我们没有再看见某些植物种类像在野花草地建植初期那样大量地出
现和生长，我们希望看到稳定的植物群落能够形成。虽然最后野花草地会趋于
稳定而缺少变化，但会形成多种多样植物的开花植物群落。我希望野花草地可
以保护当地和外来的野花种类，并成为动物的栖息避难所。

我们花园的访问者被野花草地的魅力所深深吸引。许多人质疑我们物种丰富的野花草地的消失，
感觉对于他们获得了营建野花草地的启发

豆科植物的影响

在第一年中，草地山黎豆，一种充满生气的草地一年生植物，在局部的某些地方非常引人注目。正如它的名字一样，它看起来像草，但却有非常奇妙的色彩鲜艳的粉红色花，凑近一看，蝶形花冠会告诉你它是豆科植物。它是野花草地中少数可以生存的一年生植物之一。但是到了第二年，草地山黎豆会变得不太明显，我们注意到会出现其他的豆科植物，例如红三叶草、天蓝苜蓿和百脉根。这对于大黄蜂和蝴蝶来说是好消息，但却给我们带来小的问题。在为降低土壤肥力所做的努力和所付出的花费后，这些豆科植物通过根瘤固定土壤中的氮元素，提高了土壤肥力。这给我们初建植的野花草地带来了负面的影响，即使我们铲除三叶草，并抑制其种子的繁殖传播。我们发现修剪会刺激这些植物的生长，只能寄

希望于在植物群落发展和竞争的过程中，豆科植物的生长势能够得到抑制，或者我们能够发现一种方法能阻止其太过繁茂的生长。斑鸠似乎喜欢啃食豆科植物，也许它们可以成为抑制豆科植物生长的力量。据说三叶草喜欢磷含量高的土壤。红三叶草有的时候在某种程度上可能会消失，白三叶草带来的威胁更大，更难以去除。尽管有这些缺点，但豆科植物仍然是很棒的野生植物，特别是真正的野生种类。我很高兴地接受我们粉色和黄色交织的野花草地，如果我能够确信它形成的是一个可持续的植物群落，不会被"投机取巧"生长、粗野而不需要的植物所蒙骗，这些植物会找到合适的方式在肥沃的土壤上获得生存空间的。我们认为，如果制定了具有逻辑性安排的牧草储存计划，放牧可以控制豆科植物。到目前为止，移走表土的区域尚未形成一个稳定的建植草地，不能够承受放牧年轻的充满活力的马匹。我在野花草地上看见一定数量的斑鸠，所以我希望，但并不是很确定，它们可以改变自己的生存和野花草地豆科植物过多的现状。

染料木

第三年，野花草地上出现了染料木，当这种豆科植物第一次在我们潮湿的野花草地上出现时是令人惊讶的。人们对于这种灌木喜欢的生存环境存在不同的看法，但我倾向于认为它喜欢白垩土而不是黏湿土。染料木不是一种在野花干草草地上常见的植物，但是当听到种子弹出种荚的爆炸声时，我一点也不惊讶它能够传播得如此远和迅速。对于传统的成熟野花草地的管理来说，在花期（仅在7月份）染料木会被修剪掉，它的传播数量因此会减少。染料木是木本植物，却要在一年生植物修剪的过程中去竞争生存空间，并通过大量生长健壮的亮绿色枝条繁殖，和铬黄豌豆花一起再生。我2002年7月份的日记里记录着"看起来似乎瞬间，我的如薄雾笼罩着的开满粉色仙翁花的野花草地变成了染料木盛开的金色天堂。"当然，景色是壮观的，我不想要过分地干预其对野花草地的景观产生的影

普通的百脉根，一种豆科植物，在它较长的花期里提供了持续的花蜜，成为普通蓝蝴蝶基本的食物

响，我也尽可能地避免其他珍贵植物的生长受到抑制。当金色的花朵逐渐凋谢变为黑色的种子时，我开始着手修剪掉多数的植物，不管是不同区域的健壮植物，还是在群落中倒伏的单独植株。我认为这是明智的，考虑到新野花草地的建植方式，我们创新了一种没有规律的野花草地演变发展方法。为了保护一定量的我所关注的植物，我把自己放在一个充满挑战的位置。多么可怕的想法。如果我不管它们，任其生长，也许它们可以完美地解决自己的生存问题，谁知道呢？

一个令人遗憾的错误

有一件我做过的事情我非常后悔。在我的野花草地中有一个小的角落，在主体野花草地试验之前我播种了商业出售的混播种子，但是我没有觉察到一些种子公司的野花混合种子中有一些外国植物种类的种子。即使我知道了这个情况，我可能也不会记录所种植的非乡土的种子或野生花卉植物混入其中带来的不利影

响。我最近开始学习生态对于野花草地的影响。例如，三叶草植物由杂交产生了变化，意味着某些昆虫不能接近三叶草的雌蕊进行授粉。对于逐渐消失的真正野生的红三叶草，大黄蜂正在成为严重的受害者，因为其不能接近伸长花冠的基部采食花蜜。五种非常棒的昆虫已经消失了，其他种类处在濒危的边缘。在国外园艺培育中，已经将真正原生的三叶草进行杂交育种培育了新品种，在数量和生长势上都强于原生种类。在我的野花草地，我发现了一些粗放生长的红三叶草。同样一些植株体量较大的车轴草、苜蓿和牛眼菊也在野花草地上露出了马脚。同样还出现了一些对植物生长有威胁的白三叶草。我来自蝴蝶保护协会的朋友指出了欧洲农业上的入侵植物。除了一两家公司外，大多数的种子公司在提供英国本土植物种子时持谨慎的态度。我以前认为植物种类的变化是由于不同区域土壤肥力的差异，但是我错了。当你被欺骗去相信你正在营建一个特别的、有生态价值的栖息地，却发现是一个"亚标准"，甚至在某些情况下，对于你试图去保护的野生生物完全没有用，这会让人感到愤怒。当想到杂交会发生并影响到我的本地原生植物，我会感到惊恐。我将尝试移走生长势过于旺盛的植物以保护真正的野花草地。

其他一些不受欢迎的"客人"

作为有责任感的土地所有者，生活在农业联盟的群体之中，我们需要知道任何有毒的植物。有毒植物造成的死亡非常具有危险性，特别是对于在野花草地中放牧的山羊，总是尝试各种植物来发现自己的潜能。这种"吃了之后看是否会死亡"的方式对于放牧山羊来说确实伤脑筋。在我们的土地上至少有两种植物会给牲口带来这样的问题。藏红花色水芹通常潜伏在靠近水体的区域。这种植物是英国原生最致命的种类之一，我当然使它们完全受到控制，它们会通过附着在牲畜皮毛上到达现在生长的区域，或是它们的种子脱落后沿着水体顺流而下到达相邻

染料木，一种不常见的豆科草地植物，可收获用于制作黄色染料，当环境适宜其生长时，它就会在我们新建植的野花草地上旺盛生长

的农田。我们偶尔也会发现千里光出现在野花草地上。它同样是一种令人讨厌的有毒植物，一般在其生长期我会让动物尽量避免接触它。绵羊可以在吃了它之后的短时间内存活。但是毒性会积累，造成的影响是不可逆的。其他放牧的动物啃食有毒植物后会很快出现肝损伤而死亡。当有毒植物被修剪晒干后不注意混入干草时，毒性会加强（也更美味），因此需要格外注意。

放牧的生态学奖励

我尽力尝试让野花草地对于放牧是安全的，尽管这样的情况较为罕见。草本植物丰富的区域对于我的牲畜放牧来说是很有用的，而在放牧之后为新增植物种类的发芽提供了特殊的帮助。掉下的种子或脱落物有它们自己的生态系统并受到各种因素如细菌、真菌的破坏，这些细菌、真菌在形成野花草地群落的复杂链条中有各自的角色。例如，某种土壤真菌对于某些植物的种子萌发是必需的，这些真菌仅在放牧牲畜之后出现，或通过动物粪便传播。当然太多的脱落物也是不利的，会导致土壤肥力的过剩。所以我控制放牧的次数，如果脱落物太多，我会将其移走。我已经准备为野花草地的营建付出更多的努力，因为现代科学和农村保护都在支持这个方面的理论研究。"黄花九轮草"（cowslip）这个植物的名称来自于单词"cowslop"，因为很多年前有人发现其种子在牛粪中萌发。现在有一些科学家可以解释某些细节。

其他野花草地的相关问题

重新描述我们保护两块当地野花草地的过程是令人不悦的。首先得尽力，然后我们的努力没有效果。在一个案例中，尽管有当地的保护活动在尝试着解释保护的需要，我们在技术上也较为成熟，但有些人还是决定破坏村庄现存的可以作为小的历史遗迹的野花草地。我唯一可以做的事情是在场地被用于营造景观前，从场地收集种子以拯救一些植物。这两块场地存在较大的差异，第一块面积较小，是传统的干草草地，漂亮的野生花卉已经形成了稳定和谐的植物群落，其中包括了大锥足草、软实水芹、直立委陵菜和酢浆草。野生生物种类是丰富的，人们可以走进小路和呈三角形分割的区域，享受近距离观察生物的快乐。现在这里成为功能未得到发挥的足球场，没有野生花卉幸存下来，没有野生生物的拜访，没有体育项目会在潮湿的土地上开展。场地中的草坪被修剪为整齐的1英寸高。我很绝望，这是不能被原谅的行为，它表明了我们对于自然遗迹理解的缺失。

兰花的轮转循环

第二块当地的野花草地以不太可能的方式出现，它源于一个错误，出现得更晚一些。表土被铲去用于当地新建房屋的花园中。无意之间铲除了表土，却带来了这块场地持续四年的非常有趣的野生花卉的繁茂生长，成为降低土壤肥力获得成功的鲜活例子。在这些野花种类中，逐渐出现了大量常见于湿地的带有斑点的兰花。

通常当野花草地中出现许多新的外来野花种类时会使原生植物受到威胁，这种情况会让人感到烦恼。首先，新的排水管道主要铺设于场地中，对于刮去原生表土的区域产生一定程度的破坏，这足够成为一场灾难，但两年后更糟的情况发生了，场地进行了以放牧为目的的复原工作。一些码头附近的表土被拉入场地堆在了刮去表土的区域，逐步形成了一个植物学和生态学上都非常有趣的场地。幸运的是，一位当地的女士——费莉西蒂（费丝）·路易斯（和我没有亲属关系）观察到了野生花卉发展演替的有趣现象。她同样观察了排水管道的铺设，现在正在关注着表土的堆积，这个方面她邀请我提出建议并和她一起关注。我们获得了土地所有者的允许，拯救场地中的兰

山羊通常喜欢在树篱边缘吃草而不是在野花草地上放牧，但是它们不时地能提供一些帮助。它们吃掉下的一些禾草可以增加土壤有机物，而这些有机物对于野花草地来说是必需的一部分

花、莎草、斑块状生长的筋骨草和草甸碎米荠。我们尽可能在移植兰花时多带些土壤，希望可以保护与它们生长相关的真菌的完整。一些植物在费丝附近的野生花园中重新种植，一些植物被带到了巴克兰·牛顿教区，而另外一些则被移栽到我附近的野花草地营建项目中。结果证明这次的移栽是成功而有效的，因为目前兰花的生长状况良好。在我们新营建的野花草地中，兰花很快适应了在黏土状的底土上生长，这样的环境条件和它们之前的场地情况类似，这是好消息同时也是可以仿效的实例。后来费丝更换了工作，并有能力买下了这块场地。她是一位热心的自然保护者和有经验的野花草地营建者，所以这2英亩（约0.8公顷）的土地作为野生花卉和野生动物栖息地的未来是充满光明的。一些兰花可以很快返回家园。事实上，去年夏末，从我新营建的野花草地上采集的种子已经用于了费丝的草地，更多的种类将被用于戴维草地和新干草草地。我很喜欢这个过程以及最终令人愉快的结局。虽然对于野花草地很难有这样的保护和应用工作开展，令人遗憾的是，同样的方法没有能够用于当地其他类似情况的场地。

其他增加的植物

除了需要拯救的植物，我不会在野花草地中加入任何植物，除非其在场地中从种子长成了植株。第三年，我发现水苏、喷嚏草、麻花头、飞蓬和山萝卜在野花草地中消失了，而这些种类在采集种子的克莱夫的野花草地中仍然有，所以克莱夫邀请我去他的草地中采集种子和移栽一部分这些种类的植株。我的野花草地中新增加的这些种类现在已经开始提供大量甜美的花蜜吸引着更多的蝴蝶。当一块草地很瘠薄，仍然有很多可提供给植物生长的空间时，是增加植物种类、使其占据生存空间的最佳时机。同时，在我的野花草地边缘也有少量不需要的绒毛草。在一次野花草地的养护工作中，我要进行两项任务，移除任何不需要的植物种类，同时用需要的种类代替种植，这样可以减少弯腰和挖坑的次数。有时我会挖走一些无用的植物，在相同的位置播撒少量的种子。我做了这件事，例如，我从我附近的野花草地中收集了一些虎耳草的种子，我相信它们需要一些时间来萌发，而对于像我这样没有太多计划性的苗圃工作者来说，用盆进行播种不是一个好的选择。秋季是最适合野生花卉种子播种的时节，而春季更容易看出是什么种类的幼苗和植株。所以，我保留了自己的想法，留了少量的种子用于3月和4月播种。

球根花卉

传统的干草草地中不太可能种植球根花卉，虽然在草地的边缘或附近的林地中会有少量"迷路"的球根植物。我从来没有在任何移除表土的场地中引入球根花卉，但在和干草草地相邻的花园草地中，我种植了一些球根花卉。未来我可能会在需要的时候在其中种植贝母，但现在我不想做任何事情来限制我想在任何时间修剪或放牧的想法。我必须首先考虑野花草地的管理。

禾草类和在其中栖息的蝴蝶

多数常用的野花种子组合中包含了羊茅属的禾草和狗尾草，如果针对某种特殊的土壤类型，还会增加其他种类。如果你单独购买种子或是在其中加入额外的种类，你将有机会控制禾草播种的比例和种类。例如，狗尾草是一种很有吸引力的禾草，特别是在野生花卉组合中。它完美的头状花序会让我想起手工编织的精巧的头发。黄花草是一种较瘦弱的禾草种类，它具有能够让人产生回忆的甜美气味，其较早的花期和较短的生长季，非常适合小型花园草地。我不断地采集种子，并在一个接一个的野花草地中撒播。某些禾草类植物，糙茎早熟禾（这个名字是误称，实际上，看上去有很精致的植株形态）和羊茅属以及剪股颖属植物，都非常受蝴蝶的喜欢，包括火眼蝶、大理石条纹粉蝶、潘非珍眼蝶和草甸蝴蝶。实际上，一些当地的禾草能够成为一些蝴蝶幼虫的栖息场所。对于一些植株形态粗糙的禾草，会影响到野花草地的建植使其不能达到预期目标。对于新建植或正在修复的野花草地，这些种类非常具有入侵性。即使如此，有斑豹弄蝶、墙花蝴蝶和斑点木蝶会在成熟的植株上产卵，这意味着我得调整思路和方法，不能在适宜修剪控制绒毛草的时机进行修剪，至少需要留下一些植物的种子。某一年我的野花草地有大量的弄蝶出现，源于保留了大量的杂草。第二年，讽刺的是，我有大量的绒毛草，却只有少量的弄蝶。我尝试着使绒毛草和草丛鸭茅的生长限制在野花草地的边界之内。鸭茅是一种可以提供给某种弄蝶和眼蝶生存空间的禾草，正因为如此，我喜欢这种植物，同时还考虑到了它花朵的吸引力，鸭茅的花蕾看起来像鸭的脚掌，它使我想起一些小体量的橡树。

草地野生花卉

经过6年的营建，在新干草草地和草地边界有近40种野生花卉种类（不包括灌木树篱植物），我们离采集种子的克莱尔的野花草地100种植物或更多的植物种类相差还远，但是我们营建的方法是对的。我当然不是以进行植物园式的种类收集为目标，而是营建物种丰富的适宜野生动物栖息的野花草地。虽然我继续在增加新的植物种类，这些种类毫无疑问，其都是来自最初播种的种子萌发的植物或是来自于土壤种子库。

吸引野生生物的开黄色花植物

其他的开黄色花的植物种类被增加到我提到过的色彩鲜艳的染料木群落中。百脉根大量地生长，它是一种非常吸引蝴蝶的植物，特别是对于大眼灰蝶，在百脉根上产卵并以这种植物为食。我发现要区分蒲公英、黄鹌菜和山柳菊是一件让人困惑的事。我只知道它们是非常棒的蜜源植物，我经常会因为看花朵和其中的昆虫而看得眼花缭乱，我尽可能仔细地检查区分这些种类。我知道斑猫儿菊被证明是最早建植的植物种类之一，给人留有深刻的印象。我发现去年在这些植物上经常可以见到昆虫和黄色的蝴蝶。我从来没有为蒲公英进行过"辩护"，因为园艺师讨厌或至少担心它们的过度生长，但是我可以原谅它们的"调皮行为"。在野花草地中，杂草被重新定义为野生花卉，作为蜜源植物，蒲公英是其中最好的种类之一。它们在早春为昆虫提供了蜜源，特别是蜜蜂，作为回报，蜜蜂对这些花园植物和农作物以及我们的野生花卉进行授粉。（谁不希望这样的情况？）除了开花日历上所列举的种类，另一种开黄色花的植物为菊科的飞蓬，提供给昆虫食物。红灰蝶非常喜欢飞蓬的花（它们在飞蓬上产卵，有时在开花较早的酢浆草植株上）。在我开始黄色野花种植之前，我必须提到车前草。一个春天的早晨，我朝着野花草地匆匆一瞥，眼前的景象令我吃惊，车前草的花使半英亩野花草地看起来如笼罩在黄色薄雾之下。当然，我被长叶车前草黑色花蕾中数量丰富的黄色粉状花粉所欺骗了。这样的景象

非常普通，对于我来说，不能和其他曾经见过的景致相
提并论。我很欢迎长叶车前、北美车前（另一种美丽的
植物）和大车前的种子，因为它们可以作为鸟类的食物。
这就是野花草地的营建，实际上也是野生生物花园的营
建，保护和分享并重。彼得和我关注野生生物，我们很
乐意分享看到它们生存的喜悦。

蓝紫色光谱

花园里不同色彩范围的植物对昆虫的吸引力值得
注意，从浅紫色、紫红色、蓝紫色到紫色，包括洋红色。原则上，矢车菊是非常
适用于场地边缘美化的植物，我把它和富含花蜜的醉鱼草、美女樱、紫菀、美国
薄荷、福禄考混合用在我的圆形花蜜园中的蓝紫色区域。但是在我肥沃的有机土
壤上，矢车菊的落叶会对晚花种类的茎干生长产生影响。相比之下，在新干草草
地，叶片的影响程度较小，植物种类持续盛开数周。乡土种类外观和花期的变化
引人注目。通过在不同的地方收集种子，我确保储备可以连续开花数月的种类组
合。矢车菊会被很多种类的寻找蜜源的昆虫拜访，然后为鸟类储存数量众多的种
子作为食物。飞蛾会在色彩明亮的植物茎干上产卵，并以花蜜作为幼虫的食物。
我开始思考这个问题，在有限的空间，作为对野生动物最好的礼物，以矢车菊作
为优势种的野花草地是最简单易行的。同样在夏末时节开花、颜色稍蓝一点的山
胡萝卜是另一种对野生动物有益的植物。这种美丽的植物，有针垫状的花朵，是
常见于家庭花园的开花繁茂的植物，甚至在肥沃的环境条件下也能长势良好。当
我们说野花草地需要瘠薄的土壤时，我们真正的意思是野花种类需要瘠薄的环境
以便在和禾草的竞争中保持住它们的生存空间。我将山胡萝卜属的植物分类种植
在野花草地中，并试图在和鸟类竞争花卉种子中能够收获一些种子。在新干草草
地的开放草地中，植株较小的山胡萝卜属植物在和生存对手竞争中获胜，然而在
大卫草地中，如果山胡萝卜属植物想要在竞争中生存下来，适宜的种植密度是需
要考虑的。在成熟稳定的草地中，原有的草坪草和植物比新引入的种类更有可能
维持它们生存的优势地位，在这种情况下，草地的规模很重要。今年我集中精力

在收集唇形科水苏属植物和菊科麻花头属植物用于野花草地。水苏属植物在花境和野花草地中观赏性都很好（反过来，取决于你如何考虑这两种情况）。麻花头属植物看起来似微型矢车菊，是新干草草地中的一种晚花种类，它同样可以为9月份仍在奔波忙碌的蝴蝶和其他昆虫提供食物。

蜂巢和蜜蜂

巴克兰·牛顿教区的蜜蜂可以幸运地在花园和野花草地间飞行，所以它们可以从各种不同的植物种类中获得花粉和花蜜。我自己没有饲养蜜蜂的技能，但当地的一位养蜂人在我们的野花草地上照料蜂巢。这是一个人和蜜蜂都能获益的极好安排。蜜蜂负责给我们84%的作物授粉，所以对于种植有多种适宜植物种类的场地来说，蜜蜂的保护对植物很重要，场地中应摆脱化学药品的使用，至少现在应适当减少转基因植物种类的使用。蜂巢筑于树篱，并得到其庇护，但离我们通常散步和闲坐的地方有一些距离。

为通行而修剪空间

我们自然想要在我们极好的植物间行走散步，近距离观察和享受花朵以及到访的生物。我们需要最大程度地接近植物和最小限度地干扰植物和野生动物。蜿蜒的小路看起来具有无法抵抗的吸引力，并使得野花草地中我们可以使用的各种空间范围得以确定。它们同样可以帮助阻止花园拜访者的任意践踏，尽管他们渴望发现和享受动植物的心情可以理解。我们强调小路设计的自然曲线，并尽可能到达不同区域，但同时要尽量减少被破坏的植物的数量。小路不能影响到野生花卉的生长，而事实正相反，相对于长满植物的区域，修剪的空间为某些植物种类提供了更容易的生存空间。一些种类，比如用途广泛的夏枯草，可以在2.5厘米（1英寸）高度开花，或长到大约30厘米（12英寸）。这对于蜜蜂或蝴蝶的生存是有利的。

山胡萝卜对于野生动物和人类是同样受欢迎的植物种类。它是一种非常棒的昆虫蜜源植物，对于夏末野花草地迷人的美有重要的贡献

改变小路和停留空间的位置

　　每年我们会对一些小路的方位稍做调整。这样的循环变化可以帮助不同的植物种类获得生存空间并在随后有机会开花。在戴维草地，通常植物种类生长得很密集，前文中描述了我们如何用坐式割草机修剪出60～90厘米（2～3英尺）宽的小路。在生长良好的新干草草地，我们用电动割草机修剪出狭窄的小路。这种方法看起来更自然些，如同野生动物踩出的路径。在某种程度上情况就是这样的，甚至我和我养的狗也在草地中散步。我为拜访者们保留了一条单向的小路，避免相互让路的情况。但是对于人们来说不能够停留，有时在多种开花的植物种类间观察花朵和讨论野生生物是令人沮丧的，我修剪出了一条环形的小路来解决这个问题。这个环形小路直径大约4m（13英尺），用原木限定了小路的边界线。有时候我们在这个神奇的环形小路上野餐，但多数情况下我都躺在这儿，平静而充满

惊奇和赞赏地注视和聆听。我相信环形小路可以带来独特的影响。对我来说，这个空间莫名地变得神圣起来。

考虑到蝴蝶而进行的修剪

　　修剪的小路和其他空间对于定居和偶尔到来的野生动物同样是有利的，它们可以从长满不同种类和高度的植物的栖息地中获益。有一些蝴蝶种类特别依赖草地和盛产蜂蜜的花朵，因为它们需要不同高度的草来栖息，以获得庇护并维持生存和繁殖。当我走在草地上干扰到草地褐蝶的许多活动时，我常常感到内疚。在

许多昆虫，包括蜜蜂，在我们的野花草地的植物种类中搜寻花蜜。蜂蜜是完善管理的野花草地的重要副产品之一，当地的一位养蜂人在我们的野花草地上照料蜂巢

温暖的日子，它们很享受并进行求偶交配，而在阴暗的日子和晚上则栖息在植物上。只有当我因疏忽而对它们的生活产生干扰时，它们才会在草地中出现。橙尖粉蝶、眼蝶、常见的蓝色带小铜钱斑的蝴蝶、小弄蝶和暗黄色的蝴蝶也经常到访新干草草地，许多种类在我们长满草的舒适草地上繁殖。火眼蝶、冬青小灰蝶、大菜粉蝶、暗脉粉蝶、角翅粉蝶、小樱蝶、斑点木蝶、孔雀蛱蝶、大西洋赤蛱蝶、小芝麻赤蛱蝶和黄钩蛱蝶在野花草地上挥舞翅膀，偶尔停留采集花蜜，但更多的时候喜欢在灌木丛和田边丛状草丛里栖息。几乎我提到的所有蝴蝶都会拜访我们的花园，其中一些特别喜欢花园的植物种类作为蜜源。几乎毫无例外的，蝴蝶需要天然的植物作为产卵的场所，蝴蝶幼虫需要某种特定的植物作为食物，花园种植的植物很少能作为替代品。某种白粉蝶和卷心菜是个例外。这对于蔬菜种植者来说很不幸，但却有利于白粉蝶的繁衍。

从野花草地到花园

新干草草地作为荒野白色花园中一个小的花园草地，是必不可少的一部分。大多数我提到的蝴蝶种类都得益于我们花园带来的双重好处，花园里种植了多种多样的蜜源植物，昆虫们如同找到了一个昆虫天堂。我慷慨地让我的花园相对于野花草地退到一个次要的位置，但我从来没有忽略一个事实，野花草地应有目地设计来吸引和供养野生生物。醉鱼草属植物、冰叶日中花（特别是八宝景天）、泽兰属植物和柳叶马鞭草是我们花园中最受蝴蝶喜欢的种类，但它们同样喜欢福禄考、山胡萝卜属植物和许多其他的草本植物。它们喜欢全光下的蜜源植物，从栖息地获得了益处，所以在花园设计和布局时我需要考虑到所有这些具体的要求和动态，养护管理好原有的灌木绿篱，增加新栽植的树篱和灌丛，都是经过了认真的考虑。

灌木树篱

我们东边的边界树篱有些年头了，里面包含有多样的令人难忘的野生植物。我们的管理在一定程度上受我们邻居的影响，因为边界属于他们的土地。这几年幸运的是，他们友好地允许我们种植一些高的植物形成边界坚实的基

草地棕色蝴蝶是23种喜欢拜访牛眼菊的昆虫种类之一。这种植物是新建植的野花草地中常见的先锋植物种类之一

础。树篱足够强健可以抵挡住悬钩子属植物嫩枝和其他生长旺盛植物的入侵，所以对于野生生物有足够的吸引力，火眼蝶、兔子常出没其中。兔子对于绿篱生长的影响好坏兼有，尽管在花园中常不受欢迎，兔子对野花草地的影响相对较小，实际上对花卉种类的演替有益。我确实希望，它们停止啃食橙尖粉蝶最喜欢的植物——草地碎米荠的头状花序。

英国橡树

在我们的场地中原有5株生长健壮的英国橡树，在其他适宜的空间也种植了一些橡树。其中一棵栽植在野花草地的边缘，紧贴灌木树篱，它是从橡树果实开始生长的（是这原来5株中1株的子孙），但起初它生长在花园中一个很不适宜的位置。现在，幸运的是，我们保护了植物种类未来长久的生存空间，并且我们相信，有一天它将为即使不是全部也是大多数至少300种依靠橡树生活的野生动物提供庇护。考虑到这些，我允许橡树在接近野花草地边缘的地方生长。但如果动物选择吃未成熟的橡树果实，对于它们这是有毒的。我似乎对有毒植物有一些多疑，虽然动物通常会避开它们，但不能保证山羊可以遵守规则不啃食有毒植物。对于所有的动物，选择的过程只是在有足够选项的时候，而不是采取令人厌烦或血腥的手段。电动围栏可以暂时解决限制动物进入不可进入区域的问题。

繁花盛开的草地边缘

当一些野花草地被用作放牧时，我会让动物远离草地的边缘。这可以解决边缘种植有毒树篱带来的问题，留下一片不受到破坏的区域给植物和野生动物。蝴

蝶喜欢的报春花属和堇菜属植物生长在河岸边。某种植物喜欢生长在河岸浅滩还是沟渠是值得关注的。在经常潮湿的土地（如同我们的场地特征）上，地形和土壤的多样提供了更多种野生花卉生长的空间和机会。例如，茎呈四棱形的金丝桃属植物和岩蔷薇喜欢黏土，这些株型较小的植物获得了有利的生存空间，因为多数植物都避开在黏土上生长。另外一方面，葱芥除了是树篱植物，同时也是橙尖粉蝶赖以生存的植物。在场地中我增加了一些乡土植物，弥补因放牧草地碎米荠被啃食带来的问题。我们有一些柳叶菜属植物和开白色或红色花的剪秋萝属植物，它们对飞蛾的生存是有利的，可以为其幼虫提供叶子或种子作为食物。欧芹是一种毫无疑问的美丽的草地植物，植株数量丰富，会威胁到草地边缘其他植物的生存空间。但是它的存在对一些昆虫有利，花期较早可以为昆虫提供花蜜。在我迷你而具有活力的空间里，欧芹开花后，我常修剪其植株从而避免产生过多的幼苗。我在保护和人为促进一些对蜜蜂有利的植物的生长，比如白色或红色的野芝麻以及水苏的种植可以弥补全国性可以作为大黄蜂蜜源植物的种类和数量的短缺。虽然我发现野棉花可以在空旷的草地生长，和剪秋罗属植物相似，但它们更喜欢生长在场地的边缘。野豌豆从木本植物种植场地的边缘和缝隙中争夺生存空间。冬天，我修剪掉悬钩子植物过多的枝条和基部萌蘖枝，以保持令人满意的灌木丛和草地间高度的平衡。树篱的冠幅仅为15米（17码），所以手工来做这项工作是切实可行的，比用机具来做更具有可选择性。

角翅粉蝶喜欢的鼠李

在野花草地的西侧，需要一个新的边界用来将野花草地和我的蔬菜花园苗圃区分开。它是一个非常小的空间，只有35米（37码）长，但是我特别为角翅粉蝶种植了鼠李。据说，角翅粉蝶会四处寻找可以作为幼虫食物的鼠李和欧洲鼠李。其他的植物似乎不行。确实，我常发现角翅粉蝶在花园里徘徊，如同在完成任务，我希望它们慢慢飞舞并停留下来，但我有一个困难：药鼠李在干燥的白垩土上生长最好，而欧鼠李喜欢酸性的泥炭土，而我场地上的土壤是中性和潮湿的。也许两个种我都应该尝试一下，但最终我选择了前者，不巧的是它的毒性更强。植物慢慢生长建植起来，但需要在表层覆盖无纺布，以使这些种类在和草地边缘未铲除的旺盛生长的杂草竞争中获得生存空间。在种植的同时，我想帮助蝴蝶，我没成功地控制可能对牲畜有毒的植物生长，所以牲畜的安全只能通过场地的门和围栏来保障。我只希望角翅粉蝶会感谢我的努力。

更多的草地生物

蝴蝶是野生生物花园和野花草地的常客，但有更多其他的生物被想起并受到欢迎。有许多依赖牧草生存的飞蛾很难被发现，因为它们体量很小。比如斑蛾和六星灯蛾在白天飞行。以种子作为食物的鸟类同样丰富了我们的景致，特别是迷人的金翅雀，它们的羽毛色彩丰富。金翼啄木鸟常在冬天等待它们的收获。大黄蜂、蜜蜂、食蚜蝇和其他嗡嗡作响的昆虫带来夏天家乡熟悉的声音，蚱蜢的声音现在很快地消失了。它们是我们容易明显看到或听到的种类，但毫无疑问还有成千体积微小的生物种类在草地中定居（草地应是不使用化学药物的）。总的来说，我们看见过狐狸、獾、蛇蜥、青蛙、蟾蜍、蝾螈、蝙蝠、金龟子、老鼠和蜘蛛，同样有很多小的、看不到的生物组成了生态系统重要的一部分。它们中的许多生活在土壤层里，一些种类，例如蜘蛛，胆小而谨慎，基本不挪动生存空间。甚至，我听

栖息地助推器，例如这个搭建的伐木堆，对于各种喜欢在草地或靠近草地生存的生物寻找栖息的场所有巨大的帮助

说，我们花园迷你生态系统的良好与否可以通过蜘蛛的数量规模来判断。这是个令人鼓舞的消息，因为在有露水的早晨，阳光在草地和花园的蜘蛛网上呈现。我常想知道蝴蝶如何成功地和数量众多的捕食者共生，但幸运的是，对于所有前来野花草地栖息的生物，资源是足够的。

狡猾的拜访者

青蛙和蝾螈在我们花园的池塘中繁殖，设法在凉爽、长满草的草地中生存，特别是场地边缘草类生长旺盛强健的地方。在修剪草地的时候，我非常不安，谨慎缓慢且有条不紊地操作。我几乎没有看到过蜥蜴，但这并不令人惊奇。隐藏是它们的生活习性。但我在堆肥中发现过它们，所以我确定它们非常享受在场地边缘的生活，特别是适合隐藏的空间。无足蜥蜴喜欢吃蛞蝓和蜗牛（非常有用），所以食物对于蜥蜴来说是足够的。值得注意的是，大量的野生生物被野花草地吸引，展示了野花草地作为栖息地对于细致、不使用化学药物管理方式的需求。

令人惊讶的结果

这块草地工程的结果绝对令人受到鼓舞。我们半英亩的"最坏情况"草地变成了野生动物和人们的野花盛开着的天堂。春天，我们欣赏壮观的粉红色仙翁花形成的花海，接着持续盛开的花让我们眼花缭乱，并吸引大量有益的生物，它们有序地参与管理花园。即使在秋天，一些种类华丽地绽放，直到第一次霜降的来临，给果实镶上银色的边。我持续地引种栽植新的种类以保护乡土植物，但大多数乡土植物的繁殖并不需要我的帮助。兰科植物是在场地中突然出现的，这表明它们对于土壤生态系统的状况是满意的，土壤在表面铲除带来的破坏中逐渐得到修复。野花种类比禾草在生长上占优势，我对于我们野花草地的未来感到乐观，期待看到它生长繁茂并形成稳定的群落。

我们持续增加的有斑点的兰花数量表明我们的土地肥沃，预期出现多样的野生花卉种类，形成繁荣旺盛的植物群落

花园草地

位置

一块L形的场地，60米×6米（66码×6.5码），边缘长满草，相当于确定了我的花园羽毛状的边缘。这块小的条带状野花草地是我室外白色野性花园的一部分，这个花园是4个花园中的最后一个，每一个花园关注野生动物不同的兴趣点，形成了差异显著的种植风格。白色花园特别盛产果实和浆果，繁茂的草丛和灌木丛为野生动物提供了栖息地。我应用观赏和乡土的不同禾草种类形成一个完整的种植。我的计划是设计和种植我的花园，使它和周围田园景观有机地融为一体。花园草地缓和了花园和我新建植的野花草地间的视觉反差。

景观效果

在最初营建白色花园时，我脑海中有一个浪漫的想法。我期望其中包括一块小的草地，模仿原始的开满野花的草地，混合种植经过选择的花园植物和球根花卉。在画和挂毯中描述的野花草地是用大量野生花卉程式化装饰的草地，其中必定包含了艺术家很大程度上的再创造。我意识到这当中有一些想象，我设想我的设计中主要应用白色花卉。我计划混合种植乡土植物和禾草，逐步移植一些开白色花的花园植物和球根花卉，这些乡土种类适宜用在野花草地中，具有较高的观赏价值且有益于野生动物。

现实

在我看来，毫无疑问地，通过我喜欢的方式种植花园植物，景观效果或多或少地变为了现实。如果没有经验、汗水、泪水和正在进行的挑战——抑制生长强健的禾草带来的生存竞争，我的梦想不可能实现，这些禾草会抑制阔叶植物的生长。我的经验是，对于这块条带状的草地，清除杂草是重要的环节，我们在随后旁边的新干草草地营建中也采取了这样的措施。10年前，我开始营建野花草地时，我尝试了书里记载的每一个窍门（即使只写了一个）。我面临野花草地营建最困难的情况，因为是在肥沃的土壤上去除表面的杂草，绒毛草和匍枝毛茛相对于其他植物占据了生存优势，除了一些禾草、蓟和荨麻。我准备把它营建成一个野花草地，我们幻想着繁花盛开令人激动的浪漫景象。虽然我花了半生时光来照料不同类型的草地，我从不需要强迫野花草地按照这种新的方法呈现效果，我感受着会令人失望但充满惊喜的发现。

第一次失败的努力

开始我误以为通过挖除不需要的杂草和补播适合的混合种子，可以获得成

这块小的花园草地主要混合了白色的野生花卉和引种驯化成功的花园植物，通过试验的失败和努力工作，我们在肥沃的黏土上获得了成功（距新干草草地一段距离）

功的结果。我甚至认为我可以通过把野生花卉种子分散播于已有的草地中而获得成功（假如我用管理新干草草地的传统方法）。必须指出的是，我尽了最大的努力，使得场地条件适合种子萌发。挖除了禾草、蓟和荨麻等生长强健的植物，贴着表土将草地修剪短，然后用一个重的耙子给土壤表面松土，一个老式的土豆起垄犁清理土壤表层。大体上讲，这是有时被推荐的一种方法，用于减弱土壤肥力，它应该有好的效果。但实际并非如此！禾草复仇般地重新长出，很快抑制了一些努力生长的幼苗。除了过于肥沃的土壤问题之外，禾草的种类使问题变得复杂。这些种类生长过于强健，大量的绒毛草使得幼苗难以获得生长所需的环境条件。我无疑需要一块更空旷的生长着较矮的细叶禾草的草地。

第二次尝试

需要一个更为彻底有效的方法。我尝试了不同方法修剪和铲除草地，这样我可以如我想的那样，解决问题杂草和毛茛科植物。一种方法是覆盖草丛，减少光照。我试着用黑色塑料布或旧的地毯覆盖一些区域，这些场地空着留出来一年。这当然会带来一些不便，在年底呈现出枯死草地的景象，我们只能相信绒毛草和匍匐毛茛已经枯死。一点也没有效果。去掉覆盖物后，土壤里的种子萌发并迅速地复苏生长。可能是土壤里储备的休眠种子因为光照开始萌发。

木屑覆盖的想法

在一些场地，我尝试了覆盖一层厚的碎木屑的方法来阻止幼苗的死灰复燃。这种方法，从理论上讲可以带来额外的好处——降低土壤肥力，因为土壤中的营养物会用于碎木屑分解腐烂的过程。我获得了一定的成功，幼苗的复苏得到了有效的控制，但是作为一项"家庭妇女的任务"，我没有足够多的材料覆盖整个场地。我更渴望在种植方面取得进步而不是在一年甚至更多的时间里观察木屑的分解腐烂（黄花九轮草在密集覆盖了木屑的地方自然良好地生长是显而易见的）。

混合种植窍门

当我拥有一块废弃场地可以营建几块有困难的野花草地时，我开始尝试各种技巧和方法。接下来，我在枯死草地的表面铺上黑麦草草坪卷，这种草地由一些适合的禾草种类组成，比如羊茅属。我现在认识到，草地中种植现代禾草种类或品种可能会降低对野生动物保护的价值，遗憾的是当时我没有意识到。但是长满草的场地确实可以足够长时间地抑制休眠种子的萌发，使我可以在草地中定植或播种一些混合的野生花卉种类。我在草地中随机地修剪出正方形或三角形的场地，块与块间距离不固定，大约为5～23厘米（2～8英寸）。在最大一块场地里我种植了播种在5～10厘米（2～4英寸）盆中生长一段时间的野生花卉植株。然后我在其他修剪出的场地中播种了野生花卉种子，其中包括玄参科的小鼻花，以抑制草的生长。几乎马上就出现了令人鼓舞的景象，许多野生花卉开始生长。在选择播种种类时，我十分谨慎，这些种类必须足够的强健，以便和生长旺盛的禾草去竞争生存空间。

积极有效的成果

每年我们都能看到变化，更好或更差。好的一方面是，一些野生花卉，比如矢车菊和酢浆草（两种很棒的吸引蝴蝶的植物）数量增加明显。我尝试用当地收获的白色矢车菊种子去播种，但最后每个植株开出的都是淡紫色的花。也许我增加了太多的植物种类，但我希望作为兴趣可以庇护一些不常见的野生花卉种类。一片白色的剪秋罗在一片有碎木屑的场地上长势非常好，我试图移植一些到长满草的场地中。当地生长的开黄花的菁草更容易引种，并且是另一种好的蜜源草本植物。在土壤的间隙，我播种了三种伞形科的植物——水芹、野胡萝卜和山胡桃果。在最初的两年，我们看到了引人入胜的景象，野胡萝卜占据了优势。不幸的是，这种美丽的植物是草地的先锋植物，在接下来的几年数量会逐渐减少（牛眼菊也是同样的）。水芹保持的时间更长久些，我通过每年10月最后一次草地修剪后播种额外的种子来帮助水芹保持长期的景观效果。令人吃惊的是，山胡桃菜失败了，我只好从当地的场地中采收种子，说服我们友善的草地修剪工人允许山胡桃菜成片地开花。一旦种植成功，只要有机会，它

们就可以在这个地区生长。所以，这是我目前现存和计划的主要白色野生花卉
的混合模式。

稍有成效的成果

不好的一方面是某种植物优势地位的逐步增强（包括绒毛草，尽管我们通过
最大努力及时修剪来控制它的生长蔓延）。匍枝毛茛同样也逐步占据优势。与这
些植物和土壤肥力的斗争正在进行中。我定期挖出一些长势强壮的毛茛植株，补
种上一些好的禾草和野生花卉混合其中。我同样增加了一些在种植初期需要好
好养护以占据生存空间的种类。穴盆育苗是常被提及的一种类型，但我发现它们
在长满草的群落中很快被淹没。我勇敢地尝试了各种抑制禾草类旺盛生长的方
法。在6月，草地生长最茂盛的时候进行修剪是一个最好的方法，但是短期内可
能使其中一些野花种类受到影响，而对宿根花卉的影响相对较小。如果我有一块
有问题的场地，特别在潮湿的夏天，我不得不做这样的牺牲，修剪出令人不悦的
小块土地，避免禾草植物产生种子。

对野生生物的考虑

然而较早地修剪草地对一些野生生物有不利的影响，例如，一些栖息于草地
的蝴蝶在草上产卵，当修剪并处理剪下的草时会不注意被清理掉。及时处理修剪
下的草是必要的，但最好留2～3天，使一些昆虫可以爬到剩下的植株上或附近的
草地中。蜻蜓从池塘移居到潮湿、密集而长满草的栖息地，很容易受到草地修剪
工人或割草机的伤害。田鼠和其他生物常在长得高的草地中筑巢。要证明花园中
草地作为栖息地的价值是一件冒险的事情。

如果凝视野花草地，它就像一个由很多画面组合而成的画廊。即使普通的植物，在合理的设计
中，比如毛茛，也展示出了光彩壮丽的效果。在这个野花草地中，毛茛长得更高，比和它有亲缘
关系的匍枝毛茛更优雅

球根花卉混植产生的复杂情况

如果野花草地中混合种植了球根花卉，修剪时会变得更加复杂。大约两年前我种植了雪滴花和野水仙，事后想来，我需要等很多年来确定条件是否适合，郁郁葱葱的草地生长受到了抑制。若不是球根花卉，我可以选择在春天稍微修剪野花草地（4月初），帮助野生花卉减弱来自禾草的生长竞争。在未去除表土、禾草生长旺盛的草地边缘，通常需要春天进行一次修剪。要同时让野花草地看起来确实修剪过和修剪中避开球根花卉是令人烦恼的。水仙的叶子会创造一个微环境，为禾草提供庇护，使它们生长得更高。我发现只要我找到机会用力拔，禾草很容易被连根拔起。当然，禾草的生长变化还取决于天气状况。我必须承认有时我会后悔大量种植球根花卉的决定。

平衡的决定和方法

　　同样有一些开花较早的野生花卉需要考虑，比如草地碎米荠和黄花九轮草。只有铁石心肠的野花草地营建者会修剪掉这些美丽的花朵。做野花草地修剪的决定是困难的，然而，我尝试寻找一个折中的方法，采取了交替修剪的方法，这样，同一个时间只有较低比例的野花草地被作为修剪对象。无可否认，修剪会在一定程度上破坏野花草地的外貌，但我修剪成蜿蜒的小路，或环形成其他流畅的外形，我尽量通过我的补救工作，使修剪成为设计的一部分。在秋天、冬天和早

要形成和维持这样美丽的野花草地是一项具有挑战性的事情。对于植物和野生动物来说，我们需要维持平衡，不管是最初营建草地还是每年的管理过程

春，我通常拔除杂草，这非常有用，特别是紧接着播种替换的种子。绒毛草是生长最强健的入侵者，也是一种在冬季容易识别的草。它浅灰色的叶片容易识别。我认为在秋天应该尽可能多地挖出丛生植物。同样，我很快在修剪后的小路上播种我收获的小鼻花和具有快速修复作用的水芹，发芽都非常容易。年复一年，我看到令人鼓舞的进步，禾草和野生花卉的比例在逐渐改变。

野花草地修复的争论

在这个方面，我最好的朋友和伙伴小鼻花作为了修复的植物。它可以不可思议地在任何初次种植的地方发芽和生存。人工的间苗减少禾草带来的干扰可以一定程度上帮助幼苗存活。使这些美丽的植物找到并占据合适的生存空间是一件复杂的事情。我通常可以收获一些备用的种子把它们播种到最需要的地方，并在10月最后一次修剪后进行撒播。秋季播种的发芽率最高，种子存储超过一年就会失去活力。我避免将其播种得过于接近生长着匍枝毛茛的条件较差的场地，因为通过抑制禾草，毛茛可以获得利于其生长的条件不可避免地向四周生长。不同的争论都可以理解，通过不断努力，禾草生长逐渐被抑制，野生花卉的魔法即将开始。

花园植物的引入

通过试验和错误，我认识到哪些野生植物有能力在原生草地中生存下来。这些信息表明，在乡土植物中选择种植一些花园植物，可以让我判断哪些种类表现更好，更适应半自然的生存状态。在这方面，牻牛儿苗科植物表现优异，特别是草原老鹳草，当然很多牻牛儿苗科植物都用于了野花草地的营建。在肥沃的草地上，白色阔叶风铃草、白色山矢车菊和白色山羊豆有各自明显的生长界限。白花弗吉尼亚腹水草是最近引种的植物，似乎适应于在夏末野花草地中生存。出人意料的是，白色石碱花和缬草需要较长的时间来建植，但对于不良环境有较好的耐受力。而大麻叶泽兰的表现是含蓄的。后面这3种植物种植在一个力求纯白色的花园会稍微泛出粉红色的光，但它们的优点在于可以为蝴蝶和飞蛾提供食物，这鼓励了我打破原有的艺术准则。我可以开始就在最初的场地中种植花园植物，但我希望它们融入野花草地营建的群落中，而不是允许它们在演替中变为优势种。

学习的游戏

这个试验继续进行。我很享受和潜心于这项工作，并发现它是一块令人着迷的学习领域。我的花园草地当然有它让人心动的时刻，并且持续有一个变化的过程。作为一个野生植物花园的营建者，不可能真正地对这件事失望，因为即使最后禾草相对于野生花卉占据了优势，我仍然有条带状的野生生物栖息地，为众多依赖于草地生存的昆虫、鸟类、田鼠、鼩鼱、野鼠、无足蜥蜴、青蛙和蝾螈提供生存、繁殖的空间和食物。更重要的是，我认识到这块场地的本质，尝试接受挑战管理好它。

我们的土壤肥力天然地非常肥沃，可能在我们来到之前进行过化学施肥。化学肥料和除草剂的使用破坏了植物和土壤间的平衡。只有在近几年，我们才开始研究土壤被破坏的程度。如果我们最初是从贫瘠的土壤开始，这个项目需要投入的精力和做的事情会少些。我们推断，如果可以去除原生表土几个厘米（英寸），那么我们也可以少做一些事情。作为长久的回报，这样的环境对于我试图保护的野生生物也是有利的。

迷你草地

在本章，我将描述一些小型的庭院规模的项目，在这些项目中应用了我心仪的各种野生花卉种类，并将野生花卉和禾草相结合，这些区域也同时成为了野生动物的栖息地。例如，我曾经利用各种材料营造出比我自己场地的黏/壤土更干燥、更贫瘠的环境。当我有规律地骑行或步行在乡间小路上时，我会仔细观察当地各种类型的土壤和生境，以从中学习。我依靠来自持续观察和实践参与得来的知识和经验，从事紧张的预算和应对相对有限的场地。我的小场地都不超过几平方米（码），而且大多数项目可以很容易地压缩以适合非常小的庭院。

青蛙园草地

最初的青蛙园草地形成于池塘及花境弯曲的边界被开拓之后所保留的空间，在建房之前，场地的各种草组成的草地就形成了。在冬季，下面的土壤非常潮湿，因为这块草地是我们地块的最低点。粗糙和较细腻的草以及"杂草"的组合，形成了一种不协调的、拼凑的表象，但也不是非常混乱以至于会影响到我想要达到的整体效果。我们没有试图改变在传统庭院景观中的这种草地，因为在全年12个月中它保持着绿色，而且适合我们庭院的风格：我对完美的草地从来都没有兴趣。只要这块草地是绿色的，非常柔软，适合行走，所谓的杂草也是受欢迎的。

草地杂草

匍枝毛茛和白三叶是草地的主要杂草——像某些人所断言的那样——都是众所周知非常难以根除的。我确定，我没有陷入营造棒球场式草地的需求和迷惑的矛盾之中。蒲公英出现在场地中，我非常乐于见到它们艳丽的姿态。它们是最好的蜜源植物之一，我很快喜欢上这块增强了闪耀色彩的黄色草地，这也补充了青蛙园黄色为主的色彩。在这种情况下，即使是匍枝毛茛也是可以接受的。几乎在

即使是最微小的草地也会吸引并容纳非常有趣并有吸引力的有益野生生物。这只六星灯蛾正在取食生长在一小块草地上的成簇的野豌豆，这个草地仅3平方米（10平方英尺），但在场地中有着数以百计的其他昆虫和微小生物

所有其他的场地上，我都和匍枝毛茛做了艰苦而长期的抗争，但是当我失败的时候我才意识到：经过修剪的野花草地，形成的肥沃潮湿的土壤是适合匍枝毛茛生长的天堂。最好是优雅地屈服并且尝试发现它的优点：匍枝毛茛是一种从不让你失望，而且肯定可以给予某些昆虫乐趣的漂亮的小植物。

改变类型和用途

这些年，我对割草的开敞场地比较满意。这个混杂的草地是我们的三条小狗（及来玩的孩子们）嬉戏的好地方，但当小狗再大一些，它们非常乐于沿着很多修剪过的小路漫步，这些小路形成了庭院其他大部分路径的基础。我尝试着允许杂草生长得较高，然后重剪，形成一种道路的样式，以形成模式来补充这种设计。效果比较好，但看上去有点过度装饰了，直到我简化了设计：以一条简单的曲折小路分割了草地，并简单地修剪了草地的边界。这成功地给我留下了两块有待开发的草地。

新的动机

最近我设想了一个工程来验证，我是否可以增加我现在能够接受但非常无趣、尽是杂草的草地的生物多样性。我从当地的一处场地汲取了灵感。事实上，这块场地仅是一段乡土灌木的绿篱，划分我的青蛙园和当地的墓地。16年来，我观察到野花扩展到了墓地。我看到了，而有时是忍受着由于各种各样割灌机的使用，使场地的野生花卉遭到破坏，而割草者的管理完全不顾及野生花卉可能绽放可爱的花朵。许多野花适应性极强，而且能够开花，在草丛中不同区域以各种高度呈现。然而，在这样一个植物王国中，一些野花会消亡，而另一些会存活下来，却没有一次开花和结种的机会。后来我们遇到了一对承包场地的父子，他们理解并推崇乡村的风光，富有同情心地实施了一项有效的工作，在例如报春、婆婆纳属、匍匐筋骨草等开花植物区域的周边割草。他们已经和善地同意保留一些主要的野花区域，以便让其他较高的植物展现他们的光彩壮丽，也允许我收集种子以便我可以在私人的"自然保护区"中保存当地的植物种群。我希望当本地人看到像凤凰涅槃一般展现的多姿多彩的野花时会有一些积极的反响，但到目前为止似乎还没有反应。

"关于马的课程"

总之，从这些华丽多彩的区域［最大的一块仅是2米（6英尺）的直径］我已经为我的干草草地收集了酢浆草、凌风草、小核桃果、繁缕、黑矢车菊和山萝卜的种子，而夏枯草、苜蓿、百脉根、猫耳草和蒲公英则适合各种类型的生境和管理模式。然而，一些开花植物最适合生活在草丛较短、场地排水较好的环境。比如，婆婆纳属植物尤其喜欢一些挖掘之后的墓地场地中遗留的成堆的泥土。我称之为"神奇的土丘"，它们在春天蓝色的薄雾覆盖下呈现可怕的表象。我们有同情心的承包人整理不平坦的场地，不断地清除婆婆纳，因此只允许它们与报春花类似，有短暂的繁荣。

分割与取胜

我决定要让目标明确的青蛙园两个区域有所不同。我会允许较低的场地保持不变和潮湿（尽管开花的植物增多了），在稍高些的场地会建造我自己版本的"神奇的土丘"。然后我能够种植一些偏爱排水较好环境的、能够存活一段时间但适于持续修剪管理的矮生野花。通过实施这些措施，我希望营建潮湿和干旱的两种类型的野花草地。

潮湿场地中丰富的植物群落

我处理这种原始的场地非常简单，仅是挖除一些较粗糙的草皮和杂草，然后播撒筋骨草、夏枯草、百脉根和鹅绒委陵菜的种子。它们与场地中原有的少量的蒲公英和白屈菜组成和谐的自然群落，这个群落不得不与匍枝毛茛和三叶草竞争。欧亚活血丹在日常的修剪管理下不易存活，但它在靠近树下、草丛纤细、较为荫蔽的区域生长较好。我也播种了斑猫儿菊的种子，现在开始与其他植物竞争了。目前为止都很好，一种平和的、多彩的、织锦似的景观开始补充我的花境，而且在持续性方面没有问题。最大的困难是明确什么时候修剪，因为为了整个群落的生存不可避免地会不得不暂时牺牲一些野花。这是相同的老故事，如果草丛被允许长得太长或繁茂，竞争力弱的野花就会消退。我必须制定细致的评估，然后做出坚定的选择。

我们"神奇的土丘"的结构

工作在天气足够干燥适合运送材料到场地时开始，也即在潮湿、寒冷的天气到来之前的秋季，随着冬季的来临对项目的实施有利。这块区域是三角形的（所以一点儿也不恐怖），大约15平方米（18平方英尺）。我们需要在下层的肥沃土壤和较贫瘠的底层之间形成一种界限，而底层土我们可以用来构成一种平缓的土丘。我们使用一片薄的园艺织物，尽管也可以使用随手可得的废旧地毯。我们幸运地从当地谷仓的拆除中得到了一些碎石，那谷仓之前是使用石灰岩、砖和燧石混合建造的。我们把较大的石块放置在中间，适宜的高度是不超过60厘米（2英尺）。然后用较小的石块围在三角形的边缘。用来结合的已经压碎了的灰浆和少量的毫无生机的土壤，经过筛选堆积在了碎石堆上，用来覆盖不同大小的石块并形成平缓的顶层。为了完成这项工作，使土堆便于播种及随后的修剪，我们给它加盖了一层压碎的薄石灰岩（沙子、细小的碎石或者粗粒的白垩土都会较好地完成这项任务；关键是使用可以顺畅排水、不含有机质的非常细小的基质）。这项建设工作各个阶段之间要保留几天的时间用来沉降。接下来的阶段是放置不含黑麦草草皮的拼缝物。我可以只是播种适合的混合草种以及我的野花种子，但我需要给予这土堆一些物质和稳定性，以避免在冬季发生侵蚀。我们在三角形场地的边缘布置了一圈草皮，然后把剩余的草皮切割成变化的形状和尺寸，把它们以非常随机的方式放置在剩余的场地之中。草皮之间保留等比例的空隙，这是大多数珍贵的植物幼苗和种子混合播种的地方。

保留的种子和预先准备的植物

在项目建设之前，我开始在夏季采收种子，而且在随后的几年里不断地向第一次播种的场地添加新采收的种子。整个6~8月，我每隔几天在晴朗的天气就去墓园，尝试并确保在种子完全成熟的时候采收，而且要在小鸟争夺我的收获之前。我非常喜欢迷你蒲公英（但不是蒲公英）的那种黄色，其生长得比较低矮；百脉根和苜蓿以及石蚕属可爱的蓝色；纤细的婆婆纳类和夏枯草类以及至今在最

缀花草地的青蛙园。形成干湿环境对比的每块区域给予野生花卉以更多的种植机会

初潮湿的场地上还没有旺盛生长的雏菊。我尝试快速地播种，以遵循自然传播的时间法则。然而，如果我需要保存多余的种子，我会在把种子装入信封存入冰箱之前确保种子非常的干燥。为了保证至少有些野花种类可以在野花草地上生长，我在穴盘中播了一些种子。

种植和播种

我把沙子填入土丘，并增加了一些少量的废弃回收的盆栽堆肥和一些发霉的树叶。我用这种方式栽种小苗，使它们的生命开始。我让这些幼苗各就各位，把较小的植株放在裸露的石灰岩场地中间，把较为强健的放在草皮边缘或其中。最后，我把种子和一桶土/沙进行混合，确保混合均匀，然后把3/4播撒到细碎的石灰岩顶部的裸露空地中；剩余的则撒入草皮。我全年的工作就此完成，剩下的就需要自然来发挥作用了。雨和霜冻会进一步沉降场地并决定种子的命运。

野花草地建植过程中的管理

在有地形变化的区域建植的野花草地同样需要定期的修剪，但当其中种植有低矮的野生花卉种类将要开花时，应让其绽放后再进行修剪。我们不得不随机行事，特别是在野花草地建植的最初几年。即使在贫瘠的条件下，如果草丛长得太旺盛，也不得不损失一部分开花的植物。我认为草丛的生长势迟早会在贫瘠的场地中耗尽，野生花卉种类将会增多，尤其是当我在整个夏季不断加入当地采收的种子。有时我也会种植一些矮生的球根花卉，如雪花莲和野生水仙。在我动笔书稿的时候这个项目刚刚一年，看起来非常有前景。在它的第一个生长季，我们把割草机设置在最高的切口，修剪了4次。唯一的问题是为了小青蛙我们需要在这一区域仔细地"扫雷"，小青蛙喜欢这个新的环境，并把它作为一个非常好的游乐场。如果不检查并把它们放到安全的地方就鲁莽地修剪的话，会导致不可想象的后果。毕竟，这是它们的花园。

鸟类园草地

我们的鸟类园可以自豪地宣称在我们修剪过的草地中是最漂亮的，它是原生草地的一部分，其中包含当地的禾草和特别丰富的白三叶。当我的花色以粉色为主时，能够达到设计师影响下的非自然状态效果的是粉色三叶色。然而，粉色（或红色）的三叶草在生长季每周都修剪的草地中不能存活。我可以容易地降低对于美学设计效果的期许，并且快乐地满足于这非常平淡无奇的白花，但其实蜜蜂像喜好粉花一样喜好白花。

绿色的"地毯"

我对草地中的白三叶从来都不担心。它非常柔软，走在上面也很有弹性，以细腻、整齐的叶片提供持久的绿色，而且不需要任何的肥料来保持健康。固氮的根系在土壤中产生自然的养分。结果形成一个非常完美、可自我维持、吸引人的、常绿的、抗性强的、容易养护及适合容纳野生生物的绿色"地毯"。对此你还想再期望什么呢?

对白三叶的评估

我们也能够意识到白三叶复合的功能特性，因为它是竞争中最强健的野生植物之一。这也悲哀地导致了大量不受欢迎的除草剂反复地使用在某些游憩草坪中。我们也能够很容易地在我们的庭院草地中给予它一处安身之所，虽然在野花草地中是不理想的，因为白三叶能够轻易地抑制其他植物并使土壤过于肥沃。

"杂草"的选择

白三叶是不会轻易和其他植物分享它的空间的，作为草地的组成一员这是有利的，因为它试图占据所有的大叶野生植物可能侵占的空间。在鸟类园的嫩粉色和紫红色色调之间，青蛙园那强烈的黄色是如此的完整，显得非常不协调。在这种情况下，我非常喜爱的野花不同寻常地变成了"不受欢迎的杂草"，我通过耕作、堆肥使一些蒲公英和车前消失了。有一些区域我试着清除匍枝毛茛，白三叶似乎准备就绪等待着侵入，当它意识到它的主要对手处于劣势的时候。

吸引鸟类

我不是非常确定这块大约126平方米（150平方英尺）的草地，是什么使得它如此吸引鸟类——可能是综合的因素。很明显，由于没有施用化学药剂，场地容纳了大量的无脊椎动物，但我怀疑的是，这和浓密覆盖的白三叶有多少关系，或者与新生的草地有多少关系。草地接近施肥较好的花境，花境有时在非常干旱的天气中会得到一点额外的灌溉。如果有些水不经意地溢到草地之中，但当我看到可爱的、随意飞舞的画眉鸟、乌鸫、知更鸟、篱雀和鹡鸰在柔和的、可穿透的草地中觅食的时候，我不会感到可惜。尽管我们的项目建造在过去被称为"鹤的草地"之上，但燕八哥确保了我们从没有遇到长脚蝇的蛆形成的害虫。一些以白三叶为食的林鸽，以最低限度的有机管理，似乎使未被啄食的白三叶保持了适宜的比例。我们从来没有过度修剪这块及其他的草地，即使是在干旱时节，它们也总是保持着翠绿和生机。

鼹鼠的侵袭

即使是在野趣的庭院，鼹鼠也能通过在花境植物下挖掘坑道使得草地景观效果下降。我的姐夫，像我的丈夫一样，也是农民、园丁及农村人，当他偶尔拜访我们的时候，非常善于查清鼹鼠的地下生活系统并高效地设置陷阱。另一方面，彼得像护卫军一样巡逻场地，当他看到隆起的土堆或注意到食虫的鸟儿信号通知了鼹鼠每4小时一次的循环活动时，他就会断然地狩猎鼹鼠。我从没有发现使用大蒜、樟脑球、大戟属植物或者倒扣的瓶子有效除了暂时改变鼹鼠的天性。选择使用有毒气体在这里是绝对禁止的，我宁愿陪伴着棕色的大土堆，至少可以享受附近画眉和知更鸟恼人的"警报"，以及嘲笑鸟儿和鼹鼠带给捕鼠人的兴奋。

小结

这片草地很容易引导和管理成为鸟类的健康、供给富足的场地。同时，它看化学药剂从不在鸟类园的草地上使用，也不需要奢侈地用来保持这块草地终年常绿。白三叶制造自己天然的养料，成功地战胜了其他大多数的杂草。这结果令我们很满意，也为鸟类创造了一个健康的环境

起来非常有吸引力，也是我非常喜爱的庭院的重要组成部分，在这其中，彼得和我度过了许多观察鸟类的欢乐时光。这片草地有着与大多数庭院类似的外貌，但却有着额外的野生生物。

白垩土和土堆

白垩土滩是我们最初的灵感来源。我们最近的项目（这个土堆）是受较早的经历启发的——是由于失误产生的——在白垩土上长出了野花。我们在庭院建设的早期，使用了碎石及当地采石场的白垩土来营造一些小路。某一年的夏季，一小滩没有使用的白垩土被剩下了。令我们惊讶的是，一小群精美的野花长了出来，包括一丛百脉豆、瘦高的木犀草属植物及花边状的野胡萝卜。这堆白垩土一定是富含着当地有价值的种子，当它暴露于阳光之下，突然迸发了生命的欢乐。小路也不得不改变方向，围绕这块令人惊讶的野花草地，它拥有着自然的绚丽。

学习到的经验教训

然而，接下来的几年中植物群落变得较为微妙，强健的草种和匍枝毛茛侵入并取代了之前的先锋植物。白垩土滩边界最高不超过40厘米（18英寸），这个高度不足以阻止这些较为"贪婪"的"自告奋勇"的植物侵入并从下层肥沃、深厚的壤土中获取养分。但是，通过细心的管理，包括定期地拔除和修剪草丛以及清除匍枝毛茛（保留草地的毛茛）并加入我选择的野花，我最终使野花草地形成了一种巧妙的组合。

竞争的处理

我们种植了喜爱我们不经意间创造的条件的田野山萝卜和山萝卜。蝴蝶、蜜蜂及其他昆虫非常喜爱这些植物，它们在这块阳光充足的靠近我大而圆的庭院花

园的场地定居。蓬子菜种在土堆的边缘，很快就成了一大丛有吸引力的、叶子细腻的植物，看起来貌似无害，但事实上它们会悄无声息地在土堆边缘更为肥沃的土壤中扩展成为顽固的一大丛。

混合体的到来

千里光草出现了，由于千里光草的表现，作为之前的农民和马的主人，我们更清楚地知道这种植物有毒的特性。千里光草是种危害性的杂草，绝不允许蔓延。但因为千里光草是种极好的简单蜜源植物，因此具有毒性与蜜源植物之间的矛盾必须解决好。我冒险保留了一些千里光草，但在它们要开始利用降落伞似的种子通过空气在田野中传播的时候，我会百分之百小心谨慎地剪除它的花序。我辛勤地去除场地上其他的千里光草。我曾经采用引入朱砂蛾带有条纹的幼虫来进行生物防治，并进行了观测。朱砂蛾确实毁坏了千里光草，但当它们吃光了千里光草之后，窘境也出现了。当然，我理解这些，但有点被抛弃的感觉。如果我们毁坏它们的食用植物，我们就不能期待天然的捕食者来帮助我们控制这类肯定存

在于某些草地的杂草。较少有争议的是草地老鹳草，它很明智，仅在附近的区域自播繁衍，像驴蹄草也是自播的。我移植了少量的驴蹄草，它们每年都自播扩展。有一年一些很漂亮的紫色兰花不可思议地出现了，因此接下来我加入了一些小鼻花抑制这种兰花的生长。这种兰花在当地的种植引发了极大的讨论，他们讨论这种兰花是倒距兰，还是普通盆栽兰花和沼泽兰花的杂交种。而我只是关注这个种类在野花草地中的效果，对其种类的争论我保持沉默。

新工程的产生

我已经从白垩土的场地中领悟了很多，但当我与本地丘陵植物比较它们的生长和行为时，我意识到，如果要达到一种持久的更成功的效果，我需要一个更高白垩土丘。这才能给予更多的陷入困境的野花一个暂时的避风港。

来源于当地的灵感和种子的保存

我很受激励，想要尝试。我为当地减少和消失的植物群落的美丽而感动，少数植物群落在农业化的加剧及我们周边乡村的发展和改变中存活了下来。幸运的是，我们能够沿着有野花点缀的马道骑行，我可以合法地从自己观察的野花中采收一些种子，使得它们远离繁茂生长的其他种类。我也取得当地农民的同意，可以取走他们丘陵地的小块草地。否则这些植物已经在建设工作中被埋葬并永远消失了。

一处小的景观处理

我选择了一处有遮挡的南向场地作为新的丘陵植物的天堂。它在戴维草地的一个角落，靠近可以提供和保护毛虫的食用植物的天然灌木篱，这是为了增加蝴蝶来访和产卵的机会。我们从当地的采石场进了30吨的白垩土，从那开采白垩土对环境的影响是最小的。我们把土堆塑造成了细长的新月形状，以给予蝴蝶卵化额外的保护，也吸收热量使得场地尽可能暖和，来迎合蝴蝶和其他昆

我们小的白垩土滩的灵感来源于较大的白垩土丘。为了保存一些当地受到威胁的沼泽地植物，我们实施了最新的工程

虫。在造景过程中，我在土堆基部附近放置了一些大块的黏土，给予我们故意创造的粗糙单一的环境一些变化性，因此为某些特定植物种类的建植营造了更多的播种机会。我知道驴蹄草喜欢石灰质的黏土，因此这可能有助于它们的生长。为了避免与规划部门的冲突，我们巨大的白色"羊角面包"的高度不超过1.8米（6英尺）。从新月形边缘的一个尖端到另一个尖端大约12米（14码），白垩土大多是浅滩形式，在最宽处有7米（22英尺）。然后我们在场地45°角的地方踩出1～2个突出的部分，就像羊在白垩土山脚边做的那样。我们的目的是稳固白垩土的小山，防止对白垩土和种子的侵蚀。我在北面设置了一个立足点，因此我们可以在顶部设一个站立点，而不破坏南部特殊的植物。在土丘的表面，一此区域留有一些粗糙大块的白垩土，一些区域放置小的卵石，使得场地表面能够保留多样的情况；以便不同种子得到不同的条件和小环境来建植。例如，当悬崖倒塌或受到侵蚀的时候，种子就容易发芽了。我们故意给小的地被植物留下一些迷你的土堆，例如百里香、岩蔷薇、钓钟柳，它们常见于岩石的山脊或沼泽里植物密集的小环境中。

在土丘上播种

到9月末，新的场地已准备好适合种植和播种了。从土丘的顶部开始，我布置了精致的草皮和去年播种获得的植株。将从栽植过西红柿的盆中获得的最基础的堆肥用于野花草地，我尽力帮助野花种类的生长。使这些植物适应从"豪华"的苗圃到需要争夺营养的、露天的场地，这些已经足够了。我使用沙子、腐殖土及废弃的堆肥混合物作为我亲手采集的宝贵种子的载体。然后这些被稀疏地分散或集中在土丘的顶部及南侧。北侧被或多或少地留给自然再生，但为了巩固白垩土，我播了一些先锋植物的种子，例如野木犀草、淡黄木犀草及野胡萝卜，并且种植了少量的苔草和细叶子草的草皮。我在土丘南坡野花草地混播方案中唯一应用的观赏草种是凌风草，彼得和我特别喜欢凌风草随风飞舞的花序。

9月播种当地从附近放羊的地方采收的种子。为了吸引蝴蝶，在狭窄的小径播种牛毛草和其他草种的混合物

基部的种植

在靠近土丘的基部，我布置了一些大丛的蓬子菜、草地老鹳草及较多的黑矢车菊。根据之前的经验，我十分确信蓬子菜可以在白垩土上的野生花卉和围绕土丘的干草草地上更强健的植物之间起到类似"防火隔离带"的作用。草地老鹳草毫无疑问会最喜欢土丘基部更为潮湿些的土壤，可能会与蓬子菜有激烈的竞争，尤其是如果以适宜的比例移走植物，会对草地老鹳草更有利。艳丽的黑矢车菊会喜欢偏碱性的环境，但也得益于白垩土较浅的土丘基部的少量肥力。我试图营造一种植物群落从黏土到白垩土的柔和的转变。

种子的选择

种子的配比经过了精心的设计，包含了我怀疑最难建植的大量不同种类的野花，我准备做一次大胆的尝试。在第一年中，我期待着点缀着木犀草属植物的土堆尖顶会有很多的百脉豆和野胡萝卜。我认为蓝绿色的苔草、百脉根、牛至、夏

枯草、金丝桃、斑猫儿菊、假升麻、小地榆、山柳菊、秋蒲公英、虎耳草茴芹、驴蹄草及龙牙草很快就会迈出它们的第一步，同时也期望着一些蓝盆花属的植物。兰花的建植远比其他植物更难，但我会在土丘上挥动成熟的茎段，像神奇的粉末一样，期待这符咒可以生效。我不确定岩蔷薇、矢车菊、钓钟柳及百里香在被引入到新的环境中后会有怎么样的反应。我会在土丘的顶部及迷你土丘上播种它们，以在最终会发生的竞争中给予它们一些有利条件。

项目小结

野花草地生境营造的方式存在着偶然性和随意性，尽管我们非常地用心和执着，但相对于大自然的力量我们还是很渺小的。我可能不能再创造过去沼泽地理想的动植物群落，但至少我能确信我可以达到这样的结果：让众多的野生生物获益并至少保存一些总在危险之中的当地美丽野生的植物。当然，只是去除大量的白垩土，再撒播一袋适宜的商业生产的野花种子是比较简单的方法。如果结果看上去比较好的话，这么操作似乎是野花草地常用的方法，但我更喜欢根据具体的工程项目考虑更多的营建细节。来自于对周边田野的观察以及在博学的植物学家和生态学家那儿的学习，我非常热衷于种植当地的种子并尝试模拟种子来源地生境的生态效益。

砂砾上的迷你草地

我相信任何人都可以在自己的庭院中创造出甚至是手帕大小的草地。我有一块仅几平方米的区域，展示了在有限的区域内可以种植多少种野生花草。目前大约有30种：类似戴维草地的组合。如我已经展示的，秘密就是在没有肥力的瘠薄土壤上建植草地，然后可以有许多方法使之达到理想的状态。虽然下层潜藏着许多园艺家梦寐以求的肥沃土壤，但我的迷你草地几乎是种植在碎石和砂砾之上的。这种小草地可以开花数月，每年仅在秋季修剪一次，因此这个小的项目是没有什么付出而可以收获很多的。

在庭院剩余角落的迷你草地。我们用硬土和砂砾创造了我们救助的野花草地所需要的贫瘠土壤条件，而且很快我们计算了，在一块小于3平方米（3.5平方码）的区域生长了超过30种的当地草地植物

工程的来历

　　尽管有许多野花草地营建经验，但在营建迷你草地时仍然遇到很多无法预料的情况。这个工程开始于"拯救草地"，也包括了一些来自当地乡村草地的草皮和种子，而这些草地如我之前所提到的，其场地被建造了一个不搭配的足球场。每种存活下来的植物都有独特的个性，应该为了它所支撑的当地动植物群落而受到珍惜和保存。在乡村建设中，雇来的挖掘机对野花草地造成了破坏，我没有感到心痛，因为迷你草地，我已经保护了2～3块草地上的野生动植物。一些草皮放在了戴维草地和新干草草地，但由于一些回想不起来的原因我又拿回了一些草皮。冬季，草皮开始看上去稳定了下来，平铺在了多碎石，难以立足的场地上。我决定要使它们更舒适点，因此在它们周边摆放了更多的碎石路，播种了一些小鼻花以抑制在这个砂砾草地中已适应土壤的草种。我仅是增加了一些额外的种子，这些种子是我在这块场地变荒凉前收集的。在这几年间，这块场地上野花繁殖迅速，

播种并快速地扩散，蔓延到了附近的砂砾区。每年我都会采收种子，并确保这片草地的核心部分被保留，因此作为一种模式，我能够在家和当地的工程中保存这些当地的植物。我已经把一些种子重新用到了我们在当地乡村学校的草地工程上。也许下一代最终会比我们更加重视他们的环境？我期待这时间不要太长。

布置景观

我们在小的三角形草地后面放置了一条当地手工编制的篱笆，给这块草地一种田野的风格，并在篱笆上开了一个窗户，透过窗户可以瞥见我们的老式拖拉机！我在篱笆边上播种了成簇的蓝色野豌豆和黄色草地山黎豆，它们都是适合向上攀援的装饰。因此，未计划的"事故"再一次成为了我们草地的亮点之一。甚至如果我没有草皮，野花自播得更容易，这证明了我可以仅在砂砾小路的顶部播种。现在想来，我认为在砂砾土层的下面放置一片园艺织物是一个好的方法，以此在植物和地下潜藏的壤土之前形成了一种膜。植物在寻找养分方面是很聪明的，越生长强健的种类越不利于迷你草地的稳定。

使用矢车菊的情况

在非常有限的空间，相对于其他草地植物，我会选择矢车菊。它在草丛中非常强健，能够吸引大量的寻蜜昆虫，开花可以持续达3个月。甚至如果你需要在一年中早些修剪这个迷你草地——可能是为了清理球根花卉的叶子或是限制草丛的体量——黑矢车菊会自然地恢复，仅是花期稍微推迟。一些像蓟类形式的黑矢车菊有着向外放射的小花，使得它们看起来更加艳丽。像轮锋菊的、叶子细腻的、较大的矢车菊，对生长环境更为挑剔，较喜欢白垩质土壤。挑选野花草地混播种类时，我会考虑质感和多样的色彩，例如更纯粹的白色或更强烈的紫色。我通常会选择白色花的植物，这非常吸引寻找有魅力的、不同寻常的植物的园艺家，而且有助于吸引和容纳有益的野生生物。

引人深思的事

这个工程项目使我意识到，很多人想要一个小型的、庭院尺度的野花草地，这种类型项目应该有简单的技术措施。我开始向一两个"自封的"草地营造者提供"草地的启动组合"以形成他们工程的核心。以这种方法来创造景观对大的草地来说十分昂贵，但对小的尺度的场地，与其他庭院建造方法相比，这是取得快捷高效和令人满意的结果的一种非常廉价的方式。尽管我们的野生生物可以选择其他类型的草地工程，但小巧的迷你草地为来访的生物倾其所有，展示了一块迷你的适宜野生生物的草地区域是多么的有价值。几乎任何人也都可以在他们的庭院角落中营建一块迷你草地。

结语

草地的恢复和建植需要时间、坚持和耐心，来取得感人的结果。我确实希望越来越多的土地所有者受到鼓励来发现生境创造和保存的乐趣，无论可利用的场地是起伏不平的农田、废弃的小马围场、多余的草地、庭院的一个小角落，甚至是一个窗台上的花箱，每一个都可以。记住我们过去的草地不是创造出来的，而是自然演变的。我们不得不摸索着行事以满足保护我们受到威胁的英国本地植物群落和创造野生生境的迫切需要。发展一个真正意义上和谐共处的、物种多样的植物群落需要很多年。自然不得不兼顾它的平衡，为了帮助我们不得不尽力引导这一正确的过程。我保证我们努力的每一个时刻都是值得的，且会有极大的回报。在营建了15年的野生生物庭院之后，我大多数宝贵的时光都是在我神奇的草地中度过的。

手工编织篱笆的窗格可以让我们看见弗格森拖拉机，它停在有着紫色珍珠菜和川续断种子穗的森林之中。这些草丛也为干草收获季节站立及等待的人们提供便利

巴克兰·牛顿教区的草地植物^①

本 部分列举的野花均是在春季到夏末开花，大多数的花期是在6～7月份。开花时期的高度根据土壤的特性及草本层相应的高度有所变化，但在干草草地中通常高度在60厘米（2英尺）左右，在白垩土草地会相应变矮一些。在我简要的描述中，我概述了有助于区别不同种植物的特征。我提到了野生生物之前存在着明显的内在关系，但是我的评论也仅是触及到了"动植物群落"这一浩瀚瑰丽的主题的皮毛。

在描述禾草类时我提到了大多数人喜欢招引蝴蝶的蜜源植物。蝴蝶的需求如此特殊，而它们的生境正逐渐地减少，因此我们的庭院和草地对许多种类的生存是非常重要的。

戴维草地、新干草草地及迷你草地

一般的草地植物通常在相对宽阔的环境条件下建植是最容易和最可靠的。下面列出的植物是大多数基础的、标准的商业种子混合的通常组成种类：

千叶蓍（*Achillea millefolium*），对放牧很有价值的草本植物，也是夏末很多昆虫的蜜源来源。头状花序多数形成扁平而密实的复伞房状花序，白色，也有粉色，叶子羽状分裂。

---

① 巴克兰·牛顿教区位于英国西南部的多赛特郡，在英伦海峡的北岸。下文提供多赛特郡两个城市（伯恩茅斯、普勒）的气温与降水情况，以作为书中出现植物种类的参考。（图片见128页）——译者注

异株蝇子草似乎最喜欢生长在场地的边缘，但有时也会冒险进入开敞的林地。这种野花在形态和花色（粉红色）浓淡上有很大的变化，因此我试着播种这种迷人的种类，形成例如示例的效果

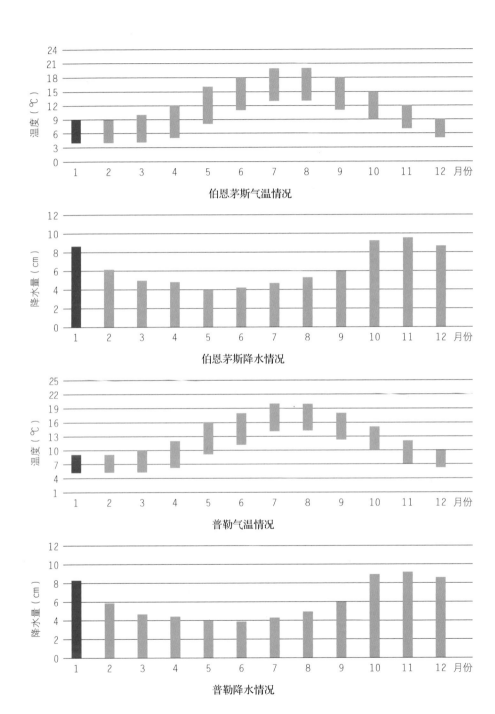

伯恩茅斯气温情况

伯恩茅斯降水情况

普勒气温情况

普勒降水情况

黑矢车菊（*Centaurea nigra*），一种迷人的、花期很长的蜜源植物。它类似蓟类的紫色花朵吸引了很多蜜蜂、蝴蝶及其他昆虫，包括黑斑蛾。

野胡萝卜（*Daucus carota*），一种非常有趣的植物，因为独特下凹的芽和花头，受许多寻找庇护的昆虫的喜爱。在夏末，精致的复伞形花序通常是白色的，但有时也带淡粉色。叶子的羽状裂很明显，增加了其总体的美感，是花萤的最爱（也是作者的最爱）。

蓬子菜（*Galium verum*），细小成簇的黄花及小巧、线形的叶子组合给予这种植物以柔和、朦胧的表象，掩饰了它缓慢占据大量草地区域的养分并排斥其他植物的能力。在贫瘠的白垩土上，它一般会受到更多限制。

假蒲公英猫儿菊（*Hypochaeris radicata*），莲座丛一样、边缘波浪形的叶子中伸出的茎上长着蒲公英似的黄色花朵。一种有很长花期的良好蜜源植物，种子也是鸟类很好的食物来源。

滨菊（*Leucanthemum vulgare*），23种昆虫都会拜访的迷人的草地上的早期建植植物。真正原产英国的种类的白色花瓣边缘相对粗糙，不像外来引入种类的花朵那么大。

长叶车前（*Plantago lanceolata*），在春季传粉的时候，黑色短圆柱形头状的穗状花序出现在舌形的、叶脉明显的叶子上时显得非常可爱。一种有价值的牧草，种子对鸟类来说是很好的食物来源。

草甸毛茛（*Ranunculus acirs*），比匍枝毛茛更高，观赏性更强，在草地中更适合作为混合群落的植物组成。纤弱、分枝的茎干顶着金色至浅黄色的花朵，似乎是漂浮在春季的草丛之上。

小鼻花（*Rhinanthus minor*），早花植物，浅黄色、迷人的花朵和驴蹄草相似。它半永久地把根系固定在临近的草丛之上，争夺其水分和养分。大而扁平的种子在大而圆的种荚中发出咔嗒声，由此得名。

酸模（*Rumex acetosa*），颤动的豆沙红色的花序点亮了初夏的草地。它是小铜色蝶的一种重要的食用植物。

参见：141页的夏枯草（*Prunella vulgaris*）和百脉根（*Lotus corniculatus*）以及下面的草本；细弱剪股颖（*Agrostis capillaris*）、洋狗尾草（*Cynosurus cristatus*）和紫羊茅（*Festuca rubra*），在147 ~ 149页列举的草本中。

这些新种的不常见植物（也在戴维、新干草和迷你草地中）丰富了物种的多样性，延长了适合中性壤土和黏土的野花的整体花期。
※表示喜欢或耐受潮湿土壤的一些植物。

※珠蓍（*Achillea ptarmica*），这是夏末草地最受欢迎的植物；这种植物有着菊科类植物花朵的扁平头状花序，中央的小花白色比黄色多。茎稍具棱，叶子狭长而有齿状裂片。

匍枝龙芽草（*Agrimonia repens*），在纤细的枝顶上有芳香的叶片和黄色的花朵。这种龙芽草比欧洲龙芽草更大，分枝更多。

草甸碎米荠（*Cardamine pratensis*），这是一种生长在潮湿草地上的开粉红色花朵的早花植物，是橙尖粉蝶必需的食物和蜜源植物。

※草地蓟（*Cirsium dissectum*），引人注目的头状花序，突出长在独立的茎干上，基生叶，背部银色。

湿地蓟（*Cirsium palustre*），高而细长，有着美丽的叶片，是蓟类中的贵族之一。许多昆虫都喜欢其细小、整洁的紫色花朵。

锥足草（*Conopodium majus*），很难建植，但如果条件适宜也能够形成较大的面积。在狭长的银色茎干的基部长着致密的无光泽叶子，初夏开出精美的白色伞形花序。

紫斑掌裂兰（*Dactylorhiza fuchsii*），明显而精致的穗状花序，花色从白色、淡紫色到深紫色。就像名字所表示的，基部的叶子是有斑点的。

※旋果蚊子草（*Filipendula ulmaria*），毛茸茸的乳白色花朵，有香味，可以吸引仲夏到夏末的很多昆虫。以粗壮的根颈形成强势的扩展，能竞争过其他的植物。

沼生拉拉藤（*Galium palustre*），从基部伸出许多细长的茎干，上面长出有香味的稀疏的白色花序。

染料木（*Genista tinctoria*），在大多数的干草草地不是很常见。一种有着深绿色叶子、美丽金黄色花序的半木质染料植物。

草地老鹳草（*Geranium pratense*），蜜蜂喜欢这种迷人的、初夏开蓝色花的草地植物的花蜜。更适于偏碱性土壤，但似乎在中

草地老鹳草（*Geranium pratense*）

性土壤中也相安无事。

绿毛山柳菊（*Hieracium pilosella*），花朵浅黄色，叶子和茎干浅橘色并多毛，是很好的蜜源植物。

草地山黧豆（*Lathyrus nissolia*），草一样的植物，特别的铁粉色豆类花朵似乎悬挂在半空中。一些一年生的种类可以在草地中持久地生长。

牧地山黧豆（*Lathyrus pratensis*），茎干攀援在其他草地植物和灌木绿篱中，美丽的黄色花6～9月开，豆科植物。

秋狮牙苣（*Leontodon autumnalis*），狭长而近乎羽状的叶片，多分枝的茎干和蒲公英似的花朵。花期从7月到10月，在年末提供花蜜。

※仙翁花（*Lychnis flos-cuculi*），喜欢一年中至少有一部分时间是在潮湿的环境中。6～7月在我们的新干草草地生长的地方营造出一层美丽斑驳的粉色。

软果水芹（*Oenanthe pimpinelloides*），仅见于英国西南部，尤其是在多赛特地区，因此是一种重要的当地原产的植物。有短粗的伞形花序，植株相对低矮。不像大多数的水芹，它贮存起来作为干草是无毒的。

※拳参［*Persicaria bistorta*（syn. *Polygonum bistorta*）］，在植物扩张的潮湿区域中，它强健的根茎排斥了大多数的其他植物。宽大如码头般的叶片使其他植物得不到光线。初夏时，在独立的茎干上长着粉色的花序。拳参是一种有吸引力的植物，被普遍认为有很多药用价值。

匍匐委陵菜（*Potentilla reptans*），6～9月，这种毛茛似的细小花朵分泌出花蜜吸引授粉的昆虫。有着匍匐的横走茎以及深绿色、草莓似的叶子。

地榆（*Sanguisorba officinalis*）

　　※止痢蚤草（*Pulicaria dysenterica*），总苞球形，黄色的头状花序为夏末时的很多昆虫提供了花蜜，尤其是为小的铜色蝶。强健的根系使得它在草地中很有扩张性。

　　※地榆（*Sanguisorba officinalis*），一种高的草本植物，在多分枝的花茎顶端有着深栗色的椭圆形穗状花序，装饰了夏末的草地。在潮湿的条件下生长良好，能够耐受黏土。

　　麻花头属某种植物（*Serratula tinctoria*），类似整洁的微型黑矢车菊，秋季时晚花随后是亮丽闪光的褐色果序。

　　※亮叶芹（*Silaum silaus*），时常是古老草地的指示植物，而且很难建植。淡黄色的伞形花序给这可爱的植物以精致的外观。

　　※欧水苏（*Stachys officinalis*），笔直茎干上的紫色花朵给八九月份的草地增添了特色。很有价值的晚花蜜源植物，受到黑斑蛾的欢迎。

　　禾叶繁缕（*Stellaria graminea*），有着微小的、闪闪发亮的白色花朵，虽然美丽，但在初夏的草地上却不那么明显。

　　山萝卜（*Succisa pratensis*），多分枝的茎干上长着蓝色针头垫似的小花朵，

婆罗门参（*Tragopogon pratensis*）

在夏末为蝴蝶提供了丰富的蜜源。神奇的是，这种植物在类似沼泽地的潮湿黏土和干旱的白垩土中一样适应。沼泽母蝴蝶仅在这种植物上面产卵。

婆罗门参（*Tragopogon pratensis*），黄色的头状花序在清晨开花，快中午的时候闭上。结实的果序甚至比蒲公英的"时钟似的花头"更大、更壮丽。窄细如禾草的蓝绿色叶片围拢着中等高度的茎干。

※广布野豌豆（*Vicia cracca*），6~8月开花，在质感细腻的叶子上可见美丽的蓝色花朵，成总状花序，类似豌豆。广布野豌豆蔓生在其他植物之间，形成致密的丛状，吸引很多的昆虫。

窄叶野豌豆（*Vicia sativa* ssp. *nigra*），初夏开花，花朵可爱，呈亮粉色，容易吸引某种大黄蜂。

参见：筋骨草（*Ajuga*）、蒲公英（*Taraxacum*）和苜蓿（*Medicago*）（青蛙园的野花草地140~141页）以及其他的禾草类植物（禾草、莎草和灯芯草植物列表见148~151页）。

不用于野花草地的种类（或需要慎重考虑的种类）

匍枝毛茛（*Ranunculus repens*），这种植物有蔓延的根系，在其场地中生长扩张很快，就像白三叶一样，抑制其他植物的生长。

红车轴草（红三叶）（*Trifolium pretense*），对某些大黄蜂确实是有益的，像这种豆科植物有着固氮的能力，在增加土壤肥力方面是有益的（因此也是在草地中不被需要的）。

白三叶（*Trifolium repens*），以上的论述同样适用于这种植物，表明了在侵占领地方面的附加问题（青蛙园的野花草地140页）。

戴维草地中潮湿、粗犷的角落使用的植物种类

在这片潮湿而富有肥力的场地上的植物一般是长势高并且有活力和竞争力的种类。其中有一些植物种类观赏价值不高，也不适宜和野花草地植物群落中的其他植物共存，但是它们被保留下来，因为它们可作为野花草地中生存的野生动物的食物或栖息地。

林当归（*Angelica sylvestris*），长势高，伞形花序，茎干和叶子柔和而特别。夏末开花，花序美丽，呈白色，有时也呈浅粉色。

牛蒡（*Arctium lappa*），茎干基部膨大，多分枝。基生叶，叶缘浅波状凹齿。花朵富含花蜜，类似蓟。果实有刺，其传播可以通过粘在动物的身上以搭"顺风车"。

丝路蓟（*Cirsium arvense*），这种植物通常不受欢迎，以致于出现在环境部被禁止使用的列表上。然而，对小苎麻赤蛱蝶来说它是必需的食物之一，对我来说，它整齐的淡紫色花朵，有着美好、温暖、典型的夏季气息。

翼蓟（*Cirsium vulgare*），一种姿态优美的多刺植物，也富含花蜜。大黄蜂对淡紫色的大花朵有特殊的喜好，在翼蓟种子冠毛基部的部分是金翅雀的盛宴。

起绒草（*Dipsacus fullonum*），姿态优美的植物，有着似蓟类的、富含花蜜的大花朵。它高大、结实、多刺的茎干上环绕着杯状结构，用来收集雨水。在冬季

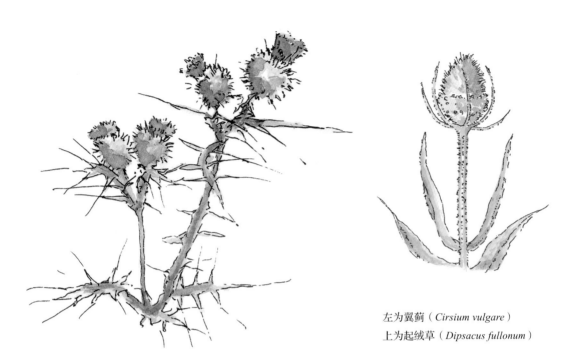

左为翼蓟（*Cirsium vulgare*）
上为起绒草（*Dipsacus fullonum*）

其种子是金翅雀很好的食物来源。

柳叶菜（*Epilobium hirsutum*），这种长势高、花色艳丽的粉紫色柳叶菜属植物有时被称为"奶油鸡尾酒"。像其他的柳叶菜属植物一样，是大象鹰蛾的食用植物。它以剧毒的根系形成了致密的群丛。

大麻叶泽兰（*Eupatorium cannabinum*），长势高、呈团状的植物，7~9月开花，伞房状花序扁平、蓬松、暗粉色。大麻叶泽兰是我所知道的最受欢迎的蜜源植物之一。

独活属某种植物（*Heracleum sphondylium*），最为醒目的复伞形花序植物，有着大而多毛的叶子和粗壮的茎干，白色的花朵，偶尔略带粉红色，吸引了很多昆虫。

黄菖蒲（*Iris pseudacorus*），有着明显的剑形叶子，初夏艳丽的亮黄色花朵由蜜蜂来授粉。

※欧地笋（*Lycopus europaeus*），高的茎干上的锯齿状叶子比每对叶子基部不明显的淡粉色轮伞花序更为明显。

千屈菜（*Lythrum salicaria*），穗状花序直立，紫红色花朵吸引着蜜蜂和蝴蝶。坚硬的茎干支撑着花期持久的花序，为鸟类提供了丰富的种子。

大车前（*Plantago major*），一种宽叶的植物，有着为鸟类提供丰富种子的果序。常见于被货物压过或车轮撵过的地面。

皱叶酸模（*Rumex crispus*），是一种比下面论述的酸模属植物更细长、更优雅的种类。

钝叶酸模（*Rumex obtusifolius*），这种植物有着大而无特色的叶子，但能够供养很多甲虫和蛾类的能力弥补了其外观上的不足。粗大的果序有时有着惊人的吸引力，对鸟类来说是富含种子的植物。

林生玄参（*Scrophularia nodosa*），一种直立植物，从有节的根茎处长出无毛的菱形茎干。阳光点亮了洋溢着斑点的红色细小花朵，黄蜂和食蚜蝇对它非常喜欢。

新疆千里光（*Senecio erucifolius*），被一些专家称为非典型的无毒千里光属植物，但不是所有的专家都同意。它是一种很有价值的蜜源植物，但应该谨慎地阻止其种子的传播以及扩展自己的范围或侵占到周边植物的生长区域。

聚合草（*Symphytum officinale*），叶子大而粗糙，主根粗壮。花期从早春持续到整个夏季，蜜蜂喜欢它的粉色、白色、蓝色或紫色的花朵。

异株荨麻（*Urtica dioica*）

异株荨麻（*Urtica dioica*），一些蜜蜂和其他昆虫最重要的食用植物之一，同时其也是肥沃场地的指示植物。

缬草（*Valeriana officinalis*），适合各种土壤条件，但在潮湿场地生长旺盛。5～6月份开花，高的茎干上长着粉红色的花朵，是一种很好的早期蜜源植物。

包括的禾草类：发草（*Deschampsia cespitosa*）、片髓灯心草（*Juncus inflexus*），灯心草（*Juncus effusus*）、泽生薹草（*Carex riparia*）及其他种类（见列在147～151页的禾草类）。

不需要的植物

藏红花色水芹（*Oenanthe crocata*），另一种长势高、具有白色伞形花序的植物，有着非常结实的表象。有剧毒，需要仔细区分和控制，以阻止其扩展及引起危害。

新疆千里光（*Senecio jacobaea*），很有名的黄色头状花序生长在中等高度的健壮茎干上。容忍新疆千里光扩展到临近场地是违法的，因为它是有毒的。

一些在草地边缘和灌木篱丛中适合野生生物的草地植物

从较长草地边缘和灌木篱丛植物中，我挑选了一些适合野生生物且适宜生长

葱芥（*Alliaria petiolata*）

在肥沃的场地上的植物种类，在那里，灌木篱树荫下的植物和开敞空间的草地植物混合在一起。

葱芥（*Alliaria petiolata*），一种直立的植物，4～6月植株顶端着生白色的总状花序，是橙尖粉蝶幼虫重要的食用植物。

峨参（*Anthriscus sylvestris*），最早开花的伞形花序植物，为新生的昆虫提供了丰富的花蜜。极少扩展到开敞的草地，通常都自我限制生长在场地边缘有轻微荫蔽的环境中。

大麻叶泽兰（*Eupatorium cannabinum*），长势高，丛生。7～9月开花，伞房状花序、蓬松，花呈淡粉色。大麻叶泽兰我所知道的最受欢迎的蜜源植物之一。

粟猪殃殃（*Galium mollugo*），从6月至9月，一大丛细小的白花从树篱基部向外喷薄而出。

四翼金丝桃（*Hypericum tetrapterum*），花期从6月至9月，其成簇的细小的黄花对食蚜蝇非常有诱惑力。

短柄野芝麻（*Lamium album*），看上去很亲切的植物，强有力的根系使得它比红色的近缘种在草地中更有竞争力，同样具有产花蜜的特性。

紫花野芝麻（*Lamium purpureum*），花粉色，植株矮小，只能生存在同样低矮的草地中，但从3月至8月它能为大黄蜂提供美味的蜜源。

麝香锦葵（*Malva moschata*），细腻全裂的叶子和大而艳丽的粉色夏花使得它成为草地上的明星植物之一。

欧报春（*Primula vulgaris*），美丽的淡黄色花朵在春季为黄粉蝶提供了很有价值的蜜源。

异株蝇子草（*Silene dioica*），从深玫瑰红到淡粉色变化的花朵吸引着蛾类。这种可爱的植物更钟爱于场地的边缘。

叉枝蝇子草（*Silene latifolia*），比异株蝇子草少见，主要存在于被扰动的场地。是一种艳丽的植物，也深受蛾类的喜爱。

林地水苏（*Stachys sylvatica*），仔细观察可以发现洋红色的花朵是非常有吸引力的。花期从7月至9月，对某些大黄蜂的生存尤为重要。

另见：广布野豌豆（*Vicia cracca*）、窄叶野豌豆（*Vicia sativa* ssp.*nigra*）、牧地山黧豆（*Lathyrus pratensis*）及草地的禾草类，尤其是鸭茅（*Dactylis glomerata*）和绒毛草（*Holcus lanata*），列举在147~151页的禾草类中。

青蛙园的草地

我已经选择了能够吸引野生生物的植物，并适应于它们的生长模式，因此它们能够承受有规律的（但是经过仔细评估的）修剪管理。

※适应更潮湿场地的植物
※匍匐筋骨草（*Ajuga reptans*），生长在潮湿的草地区域，低矮、匍匐生长。

蓝色的假穗状花序为蜜蜂提供早期的花蜜。

雏菊（*Bellis perennis*），在修剪低矮的草地中能旺盛生长，形成致密的草垫，这困扰了很多传统的园艺学家。它是野花草地非常好的组成植物。

欧活血丹（*Glechoma hederacea*），这种植物匍匐和易生根的习性使得它很容易侵占草地的空间。聚伞花序，春季开花，花色从粉紫色到紫色。在某些情况下青铜色的叶子增强了色调的深度。

狮牙苣（*Leontodon taraxacoides*），基部叶丛莲座状，在波浪状叶片中抽生出短小而细弱的花茎，上面单生头状花序。

百脉根（*Lotus corniculatus*），这种植物的高度会根据生长条件及管理方式作出适宜的变化。豆科类型的黄色花朵生长在植株的基部或中部，为琉璃小灰蝶提供花蜜和必要的食物，对其他很多的昆虫也非常重要，包括某些弄蝶。

天蓝苜蓿（*Medicago lupulina*），和红三叶一样，天蓝苜蓿能够增加土壤肥力，但这种可爱小巧的黄色花朵植物对于蝴蝶是有益的。

※蕨麻（*Potentilla anserina*），开花的茎干是匍匐而能生根的，从7月至8月开着毛茛似的纯黄色花朵。花的名称显示了其有柔滑、银白色的羽状叶片，也使得它成为野花草地植物群落中有吸引力的一员。

夏枯草（*Prunella vulgaris*），一种用途很广的植物，根据管理水平不同，能以1～45厘米（1/2～18英寸）不同的高度开花。可以在很长的花期中提供花蜜，并且能够耐受广泛的环境条件。

无花果状毛茛（*Ranunculus ficaria*），矮生植物，有着闪亮的黄色花朵和华丽、斑驳的叶子，春天散布在草地之中。它在庭院中可能成为一种威胁，但在草地中通常是无害的。

酸模（*Rumex acetosa*），酸模属植株较小的种类，同样有着红褐色的花朵，但有着更长的箭形茎生叶。据说更适于酸性土壤，但似乎也可以适应排水良好的中性土壤。我倾向于种植这种植物以补充小铜色蝶以酢浆草为唯一食物来源。

药用蒲公英（*Taraxacum officinale*），这种普通的植物以其较大的头状花序和盛产花蜜的优点使其他的植物都黯然失色。虽然有时受到园丁的"破坏"，但它能灵活地调整花期植株高度，以在修剪的草地中得以生存。

白三叶（*Trifolium repens*），这种开白花的蜜源植物有扩张性的根系，可以形成土壤中地毯似的结构。在草地中，它有着增加土壤肥力的额外优点。

石蚕叶婆婆纳（*Veronica chamaedrys*），在低矮的匍匐茎上长着秀丽的蓝色花朵。花期从3月至8月，但春季的表现最好。

婆婆纳属某种植物（*Veronica filiformis*），有着比石蚕叶婆婆纳更纤细的茎干，上面长着更小的叶片和花朵，但同样可爱。

包括的禾草类：紫羊茅（*Festuca rubra*）、羊茅（*Festuca ovina*）、强健的草地禾草类及细弱剪股颖（*Agrostis capillaris*），在147～151列举的禾草类中。

白垩土滩及土丘

白垩土上有着大量旺盛生长的植物，但我仅关注那些我发现生长在当地乡间小路边的植物，而不包括庭院工程之外的罕见种类。有时土壤的石灰质特性是植物生存的关键，但良好的排水条件及低养分的因素也使得石灰质的环境吸引了如此众多迷人的植物。

※表示生长在最贫瘠、干旱的土滩顶部的植物。

欧洲龙芽草（*Agrimonia eupatoria*），中等植株高度，纤细的花茎上着生黄色小花。它被认为有着很好的药效，以及可用作染料。具钩刺的种子通过人和动物来扩散。

绒毛花（*Anthyllis vulneraria*），黄色的花朵组成肾形的花序，花色会逐渐褪为棕色，果序在结实期呈现出银色。尽管花朵富含花蜜，但需要如大黄蜂类强壮的昆虫强行钻入花朵中才能获取。小的蓝蝴蝶从这种植物及其他苜蓿类植物上获取花蜜，但以这种植物作为其幼虫的唯一食物。

※圆叶风铃草（*Campanula rotundifolia*），极具魅力的淡蓝色花朵在最精致的细长茎干上迎风起舞。匍匐的地下茎伸出长的茎干，在基部簇生心形叶。开花时茎干上的叶子更像禾草类的叶子。

百金花（*Centaurium erythraea*），可爱的五瓣粉色花朵长在紧密分枝的茎干上，椭圆形叶子对生。这种亲切的野花能够以不同的高度和形态适应不同的环境条件，但更适合干旱的场地。

大矢车菊（*Centaurea scabiosa*），这种植物有着比黑矢车菊更大、更蓬乱的山萝卜类花序，以及尺寸不固定、羽裂更深的叶子。它是最好的蜜源植物，而且非常艳丽。

无茎蓟（*Cirsium acaule*），茎干短得几乎都不存在，大的花序着生在典型多刺但很有现代风格的蓟类叶子的莲座状叶丛中。从7月至8月，4朵花紧贴在一起来吸引蝴蝶。

绣球小冠花（*Coronilla varia*），花朵引人注目，粉色，蝶形花冠，花序长在蔓生或攀援的茎干上。绣球小冠花是一种引进的植物，但我把它用在野花草地中，因为我发现它已经在当地归化了。

丛林小米草（*Euphrasia nemorosa*），半寄生的植物，有着坚实而直立的茎干，小花朵白色中间呈黄色。叶子深绿色或绿色略带紫色。

长叶蚊子草（*Filipendula vulgaris*），有着毛茸茸的白花，与它的近亲绣线菊属的植物一样，但具有着略带粉色的花芽。叶子极具吸引力，与蕨类植物叶片相似。

野草莓（*Fragaria vesca*），白边点弄蝶的幼虫最喜欢的食用植物。尽管这种蝴蝶需要的是比我能提供的更苛刻的环境，但我仅是种植了这种优雅细小的植物"以防万一"。

※半日花（*Helianthemum chamaecistus*），尽管这种矮生的植物没有芳香且缺少花蜜，但它盛产昆虫要收集的大量的花粉。从6月至9月，黄色的花朵在阳光下盛开，展现它们可爱浑圆的花形，通常类似毛茛的色彩。

※马蹄豆（*Hippocrepis comosa*），这种引人注目的植物以其蔓生的羽状复叶形成黄色的"地毯"。漂亮的金色花朵有时是红色带条纹的，种荚似马蹄铁形状，这是它俗名的由来。这种植物由大黄蜂和蜜蜂来传粉（白垩丘陵蝴蝶和阿多尼斯蝴蝶仅在这种矮生植物上产卵）。

贯叶连翘（*Hypericum perforatum*），茎干上的两条纵棱使之与其他相似的、方形茎干的种类区分开。直立、健壮的茎干上生长着许多细小的长花期的黄色花朵，花朵需要细致的观察来欣赏它们精美的生物学细节。黄褐色的果序也是非常精致悦人的。

田野裸盆花（*Knautia avensis*），有着旺盛生长的茎干，通常多分枝，叶子分裂，是某种田埂蛾幼虫的美食。它形成的野花草地是夏末草地最难忘的景观之一。

泻亚麻（*Linum catharticum*），直立狭长的茎干仅有几厘米（英寸）高，从6月至9月在松散分枝的花序上长着微小、闪亮的白花。小而狭长的叶子有一个明显的主脉。植物整体上是非常秀丽的，但又极其地不显眼。

多毛鹰齿菊（*Leontodon hispidus*），单一而多毛的茎干上长着蒲公英似的花序，大叶片边缘具有波浪锯齿。从6月至9月开花的一种好的蜜源植物。

列当科疗齿草属某种植物（*Odontites verna*），类似佛甲草，这种植物有着半寄生在草丛上的能力，高度上同样低矮。花朵是粉色的，叶子覆盖细腻的白色绒毛，给这种植物以朦胧的外观。

芒柄花（*Ononis repens*），如此的称呼是因为它缠绕的茎干和很深的根系，据说有着可以阻碍马拉爬犁的效果。迷人的粉色豌豆形花朵沿着这种低矮植物的蜿蜒茎干绽放。

牛至（*Origanum vulgare*），一种非常芳香的植物，许多蝴蝶，特别是草甸棕色蝴蝶和火眼蝶，都被这种植物所吸引。粉色的花朵在侧枝上轮生。有时略带紫色的苞片使花序的颜色加深。

虎耳草茴芹（*Pimpinella saxifraga*），另一种开白色花的伞形科植物，这种植物在7至8月绽放精致的花朵。

北车前（*Plantago media*），这种非常优雅的车前属植物在5月至8月有大量花粉产生时带来淡粉色的色彩效果。花朵有微妙的香味吸引了很多的蜜蜂。叶子莲座状丛生，较宽，叶脉明显，叶形椭圆形。

黄花九轮草（*Primula veris*）

远志属某种植物（*Polygala vulgaris*），一种适合近赏的花形奇特的小花。它的花瓣似乎被相同颜色的两片苞片夹紧密封住了。花的颜色可以为白色、粉色、淡紫色或蓝色，花期较短。叶片在短的直立茎上互生。

黄花九轮草（*Primula veris*），这是一种春天开花的植物，花色从淡黄色到橙黄色，这种精致的芳香植物吸引了长喙的昆虫，例如飞蛾和蜜蜂。黄花九轮草在禾草未占绝对优势的开阔草地上生长良好。

球根毛茛（*Ranunculus bulbbosa*），这是一种开花较早的毛茛属植物，与匍枝毛茛相比较，它有更高、更为纤细的灰白色花朵，生长入侵性较弱。茎的基部膨大，中部叶片具有叶柄，这些特征能将其和其他毛茛属植物区分开。

黄犀草（*Reseda luteola*），和喜欢在白垩土上生长的其他植物相比，黄犀草的植株更高，花色为淡土黄色（黄犀草是一种重要的染料植物，从中世纪开始染色工就从中提取黄色素）。有趣的是，黄犀草的花朵具有趋光性，在早上花朵朝向东方，而在下午茶时间则朝向西方。

小地榆（*Sanguisorba minor*），从6月至9月，棕红色的花蕾在短而直立的茎干上摇曳。叶片由两列具有锯齿的小叶片组成，使这种植物具有易识别的特征。

灰蓝盆花（*Scabiosa columbaria*），花朵和叶片更小，这种植物和它的同属更为强健的植物一样具有吸引力，吸引着大量的昆虫，其中包括了许多种类的蝴蝶。

※早花百里香（*Thymus praecox*），一种可爱的芳香植物，具有匍匐茎，在稀疏的草地上生长。实际上，小的山丘，例如蚂蚁山，能够使这种植物具备生长优势（园艺家可以幻想一下，因为种植这种植物，而邂逅大量靠这种植物生存的体型较大的蓝色蝴蝶，许多的蜜蜂和蝴蝶也非常喜欢它的花蜜。）。

马鞭草（*Verbena officinalis*），这种小精灵般的植物在我的白垩土场地上看起来非常棒，它的茎干分枝较多，茎干顶端盛开着淡紫色的小花。

禾草包括：凌风草（*Briza media*）、黄三毛草（*Trisetum flavescens*），羊茅（*Festuca ovina*）和柔弱薹草（*Carex flacca*），可以参看下面禾草种类目录。

禾草、莎草和灯芯草

我选择了一些漂亮的、对野生动物有益的野生草地禾草，其中一种或两种来自于当地原生的莎草和灯芯草。在我的野生花卉植物清单中，我选择了在不同的位置使用不同的种类，考虑到了野生花卉植物群落的脆弱和健壮并存的特性，它们构成了野花草地的基础。我明确了这些植物对于蝴蝶和提到过的放牧或与其他禾草一起用于制备干草的价值。

下面的这些禾草能够在不同的环境条件下建植，为用于野花草地建植的大多数混合种子提供了良好的基底。

细弱剪股颖（*Agrostis capillaris*），具有松散开展的圆锥花序，分枝呈轮生状，颜色为棕色或略带紫色。短的地下茎使它成为一种优秀的草地植物。和其他剪股颖属植物一样，对于一些蝴蝶种类，如链眼蝶、大理石条纹粉蝶、草地褐蝶和潘非珍眼蝶，细弱剪股颖是一种很好的食用植物。

黄花茅（*Anthoxanthum odoratum*），这种草在新修剪之后会发出令人惊讶的香味，它是草地最早开花的禾草之一，也是穗状圆锥花序最短的种类之一。

洋狗尾草（*Cynosurus critatus*），最漂亮的禾草种类之一，特别是在逆光的条件下欣赏，花序如同优雅的辫子。仅在植株基部叶片繁茂，有较硬的茎干。其因占据的生长空间较小而成为野花草地植物组合中一种理想的种类。

其他草地中的禾草种类，多数具有放牧或干草制备的价值。

西伯利亚剪股颖（*Agrostis stolonifera*），比名字听起来更美丽的植物，新长出的花蕾看起来像细长黑色的铅笔，之后花序在仲夏到夏末开放，淡桃红色，如童话般的效果。对于新建植的野花草地，匍匐根系和茎干不是有利的特征，但这种禾草有较高的放牧价值。

大看麦娘（*Alopecurus pratensis*），开花较早，看起来像梯牧草，但是所有茎干上的圆柱状花蕾更为柔软，随风摇曳。这是在潮湿草地中生长，叶子较宽且可以较早用于放牧的较好的种类。

凌风草（*Briza media*），花序呈三角形，略带绿紫色，着生在无毛的茎干上。刮风时这种植物会随风摇摆而发出声响。尽管叶片较少，但在禾草植物中是一种具有独特美的种类，不过并不意味着它适合用于作为饲料储存。在白垩土或软土上生长良好。

柔弱薹草（*Carex flacca*），茎干和下面的叶子是蓝绿色的，通常在每个茎干上有2~3个直立或下垂的、略带棕紫色的花序。喜欢生长在白垩土的野花草地中和潮湿的软土里。地下茎有益于固定土壤是，可以防止土壤侵蚀。

泽生薹草（*Carex riparia*），这种植物在沼泽土的场地上密集生长，它直立生长，茎干较高，株形呈锐利的三角形。叶片较宽，略带蓝色，叶缘锋利。深棕绿色的花序长而锋利，呈圆柱形。

鸭茅（*Dactylis glomerata*），一种有密集花序的独特禾草植物，据说看起来像小公鸡的脚。它是一种密集的簇状生长的禾草，叶片粗糙而略带灰色。鸭茅是一种有价值的草地和放牧禾草，欧洲弄蝶、森林赭弄蝶、阿芬眼蝶、斑点木蝶都以这种植物作为栖息地和产卵地。

发草（*Deschampsia cespitosa*），在潮湿土地上大量生长，通常说明场地的排水存在问题。发草可以用来形成草丛，在坚硬的高的金色茎干上有极好的半透明银色花序。发草硬而宽的深绿色叶片，马拒绝啃食，而牛在吃草时也会尽量避免。田鼠和昆虫可以在这个植物丛中惬意地栖息，仁眼蝶也以发草作为栖息地和产卵地。

羊茅（*Festuca ovina*），在贫瘠的土壤上可以生存，提供给山羊放牧啃食的植物。植株密集丛生状，有硬而直立生长的茎干和像头发一样卷起的叶片。短而密集的圆锥花序，呈现出美丽的淡灰色和淡紫色，极具观赏性。它能够用于形成密集紧凑的野花草地。

草甸羊茅（*Festuca pratensis*），一种在潮湿的干草草地上生长的禾草，有高的茎干和漂亮开展的圆锥花序，粗糙的枝条对生，花序较重，侧向一方。马和牛都喜欢这种有营养的丛生叶片。

紫羊茅（*Festuca rubra*），这种植物的花令人充满幻想，有时呈现出红色。有较好的丝状叶片。能够适应不同的环境条件，对于草地和牧场都是有价值的植物，对于依赖于草地生存的蝴蝶是有益的。

绒毛草（*Holcus lanata*），茎干和宽的叶片是柔软的，呈现出灰色，能够接住露水。它漂亮而柔软的圆锥花序呈现出精致的带粉的绿色，有时加深呈紫色或褪色呈淡蓝色。但是有时候，花色出现淡黄奶油色。绒毛草能够在不同的环境条件下生长，不论潮湿的或干燥的。它毫无疑问是一种漂亮的植物，但对于新建植的野花草地，其生长势过强，同样会入侵成熟的草地，排斥其他植物的生长。绒毛草可以作为斑点木蝶、有斑豹弄蝶的食物来源。

灯心草（*Juncus effusus*），在潮湿的草地上，这种灯心草形成密集的叶丛。它光滑的圆柱形茎干呈淡绿色，而没有叶片，髓呈白色。花序分枝稀疏，或呈球状的圆锥花序，棕绿色。

片髓灯心草（*Juncus inflexus*），这种植物的出现说明土壤的排水条件较差。其茎干硬，呈暗淡的灰绿色，无毛，基部被略带紫色的叶鞘包裹。茎干中的髓是不连续的。圆锥花序分枝开展，棕绿色花朵大而直立，但花朵据说对于牲畜是有毒的。

地杨梅（*Luzula campestris*），这种生长缓慢的禾草在春天的草地中很明显，因为它有着铜棕色的花朵和明亮的黄色花药。叶片较宽，渐尖，边缘具毛。

梯牧草（*Phleum pratense*），一种坚韧的、能够在黏土上生长的植物，作为一种优秀的饲料禾草，梯牧草有密集的圆柱形花蕾。它有很多的园艺品种，但野生种类更能成为野花草地"花毯"上最精彩的部分。

小梯牧草（*Phleum pretense* ssp. *bertolonii*），和梯牧草很相似，但植株更小，生长势稍弱。

草地早熟禾（*Poa pratensis*），具有地下茎的禾草植物，对于放牧是有用的，在野花草地中生长强健。有光滑的茎干和花蕾，和其他粗野的草地禾草相似，但是花序色泽更为暗淡，花期更早。

普通早熟禾（*Poa trivialis*），一种优雅细长的亮绿色植物，有宽而逐渐变尖的叶片和粗糙的茎干，茎叶提供了有营养的草本植株体，以及成为某些依赖于草地生存的蝴蝶的食物来源。它匍匐生长的根茎使其即使在潮湿的环境也能成为一种草地植物。它也是一种抗污染植物。

黄三毛草（*Trisetum flavescens*），一种具有匍匐茎的禾草，叶片上多绒毛，对于牲口来说是美味的"食物"。初夏，优美的花序呈现有光泽的黄色。喜欢钙质土，能够忍受贫瘠的环境。

附录　草地禾草和野生花卉种子

仔细挑选来源和获得适合的种子

确定要从声誉好的种子公司购买干草草地禾草类和野生花卉种类的种子。你的种子来源于英国原生的野生花卉库。而如果你可以更进一步获得当地的种子，野花草地会带给野生生物栖息额外的奖励。在野外直接挖取植物是违法的，但负责任的植物种子采集是允许的，这些植物不是濒危或珍稀的，也不是在私人的土地上的。

小鼻花用于减少与禾草的竞争

小鼻花的种子必须在采摘后的新鲜状态下播种。记住，这很有用，对于一年生半寄生植物，修剪或放牧会使其从草地中消失，这样可以阻止第二年植物的出现和种子的传播。

玉米田中原生的一年生花卉是有用的，可以给你的野花草地一个色彩斑斓的开始

玉米田原生的一年生花卉仅在第一年开花，但是作为一种保护植物，它们可以保护多年生植物的幼苗，帮助减少土壤侵蚀。因为它们在农作物耕种的土地上是天然形成的，例如种植谷类作物的场地上。它们仅在肥沃的土壤上生长。一旦你降低草地到野生花卉生长所需要的土壤肥力，在这些植物可能生长的环境中，你将看不到色彩斑斓的景象。

仔细地确定每平方米（平方码）播种种子的数量

不要尝试过多地增加玉米田原生一年生花卉种子的比例，否则它们会过度竞争生存空间，影响到新建植野花草地中野花种类的生长。过密的种植会导致幼苗受到病虫害的影响。比较明智的做法是谨慎地确定播种数量，最好略少于建议的播种密度。

一些特别注意事项

我非常幸运地找到了真正的当地种子资源用于野花草地。很少人会这样幸运，但仍然需要保持对花卉种类来源的挑剔。一些种子公司销售的并不是真正在英国采集和储存的当地种子，应该将可靠的源自当地或农村的种子单独销售。一些我们当地的野生生物对于作为繁殖场所和食物来源的植物种类是有选择性的，购买的欧洲作为商品的花卉种子并不一定适合。大多数野花草地营建的挫败感来自野生生物种类的缺乏，不管这些种类来自附近还是较远的区域。野生生物总是在寻找最适合的栖息地。下面这段话摘自英国自然和野生生物保护协会指南"引种非原生的植物种类可能会改变英国栖息地的植物组成，改变乡土植物基因库"（老天知道当转基因植物被允许或逃避约束会带来什么样的灾难）。幸运的是，有很多机构提供了指南，一些种子公司非常认真负责地在采购、鉴定和供应种子。

种子公司提供什么

野花草地混合种子

有一些传统的野花草地应用区域（比如克里克莱德和牛津附近的皮格西米德）通常会采集种子并用于商业销售。你可以选择来自于和你的场地环境条件相似的地区的野花草地混合种子，

并确定这些种子来自于真正的英国原生植物种子库。挑选的种子应该适应于你的土壤类型，但除非你恰好住在成熟的可采集野花种子的草地附近，否则购买的种子不会采自当地。建议检查混合种子中包含的种类，以确定其中是否有你想要的种类（或不想要的种类），如果包含了你想要的种类，确定占多大的比例。例如，我知道的一种野花草地种子组合中包括了很高比例的绒毛草，这是我不想种植的种类，至少在野花草地营建的初期。我希望能够复制传统的野花草地，但不希望最后的结果是对植物和动物产生危害。

特殊条件播撒的混合种子

你可以购买种子公司已经挑选和混合过的包含一定种类的种子组合。他们为每一种类型的环境准备了"菜单"——壤土、黏土、白垩土、沙土或湿地等类型。有的公司会提供很有用的每种种类的比例。其中包含的不同种类的数量是有限的，不同种子公司提供的选择不同。

通用的混合种子

有一些"通用"的混合种子组合，包含的种类能够适应不同的环境条件。种子的价格取决于其中野生花卉和禾草的种类，同样也受到野生花卉和禾草比例的影响。其中包含的野生花卉越多，价格越贵（通常野生花卉和禾草的比例是80%：20%。）。

购买单种种子并进行混合

如果种子公司提供的混合种子不适合于你的项目，你可以有第三种选择，购买单独种类的袋装种子，按自己的需要进行混合。需要仔细地选择，这样你可以获得适合于你的目标的混合种子。有一些种子公司可以提供针对特殊环境的种子选择建议，这些建议对于任何想要深入地营建和管理野花草地的人都是有用的。我也才初步体验到自己混合种子的复杂性。

折中的混合种子方法

对于业余的野花草地营建者，在进行一些家庭花园场地的野花草地营建时，我认为可以采用折中的种子混合方法。可以先购买适合的（经济的）通用混合种子（从推荐的种子供应商处），然后再加入你选择的额外的种子。你可以加入从当地采集或购买的单种袋装的一定数量种子。这样做你可以调整野生花卉和禾草的比例，提高野花种类的丰富度。如果你购买种子的公司确定他们的种子是来源于当地的乡土种类，你可以加入一些当地采集的种子，以增强最终的景观效果。有一些可能性值得关注，例如，增加蝴蝶喜欢的植物种类可以提供你的野花草地的趣味性。如果你在准备和补播某块场地时遇到一些困难，值得去做一些研究，使你选择的混合种类尽量适合你的场地。

特殊植物

一些能够适应于不同环境的通用植物种类是具有吸引力的，同时也有一些种类需要特殊甚至苛刻的条件去生存。对于多数的项目，最好避免"喜怒无常"的种类，这些种类通常要求特殊的环境条件和管理方法。失败的野花草地营建尝试会造成种子的浪费。对于某类特殊的植物你需要特殊的知识和专业的建议。

可购买到种子的基本野花草地植物种类
※ 代表蝴蝶喜欢的植物

基本的野花草地中的野生花卉种类
※千叶蓍（*Achillea millefolium*）

※黑矢车菊（*Centaurea nigra*）

※大矢车菊（*Centaurea scabiosa*）

野胡萝卜（*Daucus carota*）

※蓬子菜（*Galium verum*）

※田野裸盆花（*Knautia arvensis*）

滨菊（*Leucanthemum vulgare*）

※百脉根（*Lotus corniculatus*）

麝香锦葵（*Malva moschata*）

长叶车前（*Plantago lanceolata*）

北车前（*Plantago media*）

黄花九轮草（*Primula veris*）

※夏枯草（*Prunella vulgaris*）

草甸毛茛（*Ranunculus acirs*）

小鼻花（*Rhinanthus minor*）

※酸模（*Rumex acetosa*）

小地榆（*Sanguisorba minor*）

异株蝇子草（*Silene dioica*）

叉枝蝇子草（*Silene latifolia*）

※窄叶野豌豆（*Vicia sativa* ssp.*nigra*）

禾草类

细弱剪股颖（*Agrostis capillaris*）

洋狗尾草（*Cynosurus critatus*）

紫羊茅亚种（*Festuca rubra* ssp. *commutata*）

紫羊茅亚种（*Festuca rubra* ssp. *Juncea*）

适宜过于肥沃土壤的种类

※绒毛花（*Anthyllis vulneraria*）

长叶蚊子草（*Filipendula vulgaris*）

多毛鹰齿菊（*Leontodon hispidus*）

※牛至（*Origanum vulgare*）

虎耳草茴芹（*Pimpinella saxifrage*）

※黄木犀草（*Reseda lutea*）

禾草类

凌风草（*Briza media*）

洋狗尾草（*Cynosurus critatus*）

羊茅（*Festuca ovina*）

紫羊茅亚种（*Festuca rubra* ssp. *Juncea*）

洽草（*Koeleria macrantha*）

小梯牧草（*Phleum bertolonii*）

黄三毛草（*Trisetum flavescens*）

适宜沙壤土的种类

蓝蓟（*Echium vulgare*）

欧洲柳穿鱼（*Echium vulgare*）

球根毛茛（*Ranunculus bulbbosa*）

广布蝇子草（*Silene vulgaris*）

禾草类

细弱剪股颖（*Agrostis capillaris*）

黄花茅（*Anthoxanthum odoratum*）

洋狗尾草（*Cynosurus critatus*）

曲芒发草（*Deschampsia flexuosa*）

细叶羊茅属*Festuca filiformis*（*Festuca filiformis*）

羊茅（*Festuca ovina*）

紫羊茅亚种（*Festuca rubra* ssp. *Juncea*）

小梯牧草（*Phleum bertolonii*）

适宜湿土的种类

旋果蚊子草（*Filipendula ulmaria*）

※仙翁花（*Lychnis flos-cuculi*）

草地亮叶芹（*Silaum silaus*）

※山萝卜（*Succisa pratensis*）

※草地碎米荠(*Cardamine pratensis*)

禾草类

细弱剪股颖（*Agrostis capillaris*）

大看麦娘（*Alopecurus pratensis*）

黄花茅（*Anthoxanthum odoratum*）

凌风草（*Briza media*）

洋狗尾草（*Cynosurus critatus*）

发草（*Deschampsia cespitosa*）

紫羊茅亚种（*Festuca rubra* ssp. *Juncea*）

致　谢

特别地感谢他们带给了我绝妙的灵感：克莱夫·法雷尔，他的野花草地实例和友好，让我能够专注地投入野花草地营建工作。他同时使我认识了米里亚姆·罗斯柴尔德夫人，是她首先点燃了我对草地保护的热情。感谢罗蕾莱和麦克·布兰森夫妇，是他们使我来到了美丽的野生生物包围的草地。

感谢他们的支持，不管是在野花草地营建还是本书撰写的过程中。我非常地感谢：费丝，野花草地营建的合作者和保护者，感谢她的帮助和无尽的鼓励，同样感谢费丝的儿子鲁伯特和本，他们带我走进电脑时代。感谢艾莉森·马丁极大地支持了我的写作，提出了关于标点符号的意见。感谢我的野花草地营建团队，特别是我的丈夫彼得，还有他的哥哥马库斯，他是北安普敦的农民，出生和生活在那里，他教会了我传统的经验和技巧以及新的技术，用于我的野花草地营建项目。感谢谢恩·西曼，她对植物保护非常敏感，并帮助我们保护了当地的植物。感谢苏珊·贝里、史蒂夫·伍斯特、艾德·布鲁克斯和安妮·威尔逊，他们帮助我完成了这本书稿。

特别感谢安吉拉·恩索文给了我和彼得这个机会，在哈斯福德房子的周围营建了许多英亩的野花草地。感谢达伦和肯恩·莱西夫妇，他们和我们一起工作。

我特别的爱要给艾玛·芒迪、马克·史密斯和莉莲·怀特，他们帮助了我生活中的每一件事，并使它们联系在了一起，丰富了我的生活。